KB006075

이전과 같은 국가 전체의 성장을 기대할 수 없는 상황에서, 국가로부터 획득한 예산으로 지역의 기반을 강화·유지하는 지금까지의 운영 방침은 더 이상 통용되지 않는다. 지역에도 '경영'의 관점이 필요하다.

　이 책은 지역경영에 있어서 가장 중요한 '신사업 창출' '지역 사업자 육성', 그리고 이들에게 필수적인 '자금조달'을 중심으로 고향납세와 크라우드펀딩의 연구 결과를 분석하고 전국의 지역경영 정책들을 정리해 담당자·실무자에게 시사점을 제공하고자 한다.

지역경영을
위한
새로운
재정

고향사랑총서 3

지역경영을 위한 / 새로운 재정

'고향납세'와 '크라우드펀딩'의 엄청난 효과

호다 다카아키 지음 | 신승근·조경희 옮김

농민신문사

지역경영을 위한 새로운 재정

2013년부터 고향납세 시장이 급속하게 커지고 있다

2010년 4월 홋카이도 오타루상과대학의 교원으로 부임할 때 놀란 것은 홋카이도가 매우 다양한 매력을 가지고 있다는 점과 그러한 매력이 현지에서는 너무 당연해 미처 그 가치가 사업화나 환금(換金)으로 이어지지 못하고 있다는 점이었다. 매스컴을 통해 전국에 보도된 적이 없는, 홋카이도 현지에서만 볼 수 있는 매력적인 물건을 일본 본토에 판다면 홋카이도 경제는 윤택해질 것이고 본토 주민도 그 물건을 향유함으로써 보다 풍요로운 생활을 즐길 수 있을 것이다. 그렇다면 어떠한 방법으로 이를 실현시킬 수 있을까?

처음 주목한 제도는 '구입형 크라우드펀딩(구입형 CF)'이다. 구입형 CF는 자금력이 떨어지는 상품 아이디어에 대해 주문이 충분히 쌓이면 제조에 들어간다는 점에서 기존의 사업 순서를 바꾼 파격적인 제도로, 사업자 측에 매우 유용하다. 특히 상대적으로 열세인 중소기업과 지방기업에 적합하다. 또한 구입형 CF를 이용하면 실제 물건 구입으로 이어지지 않더라도 최소한 상품 홍보나 아이디어에 대한 반응을 확인할 수 있다. 초기의 구입형 CF 시장은 규모가 작고 자원도 한정돼 있어서 중소기업과 지방기업이 시간과 노력을 들여 참가할 만한 가치가 있는지 확신할 수 없었지만, 본서에서 다루는 바와 같이 현재(2021년)는 그 시장 규모가 커져서 이들 기업이 충분히 도전할 만한 가치가 있다. 다만 구입형 CF의 외형적인 이미지만 보고 준비가 부족한 채로 이 시장에 도전하게 되면 그 가치를 충분히 끌어내지 못한 채 끝나버릴 것이다. 구입형 CF에 도전하기 위한 사전 준비 부분에 대해서는 본서도 새로운 연구 과제로 인식하는 바다.

한편 2013년부터 고향납세 시장이 급속하게 커지고 있다. 고향납세 제도의 방향성과 세부 설계에 대해 적잖은 논란과 찬반양론이 있었지만, 이 정도로 지방에 대한 도시 주민들의 관심을 끈 제도는 여태까지 없었다. 지방에서 잠자고 있는 상품을 개발해 도시 주민에게 전달하고 그들을 수요자로 만들어 지방 쇠퇴를 막는다는 개념은 매우 이상적이다. 홋카이도의 매력을 본토에 전달하는 도구로 고향납세를 어떻게 활용할지 생각하게 된 것도 이러한 연유에서다. 실제로 홋카이도 히가시카와쵸(町)는 고향납세 기부에 참여한 사람들을 '주주'라고 부른다. 기부자들을 기업의 주주처럼 대우하며 소통함으로써 지역 밖에서 히가시카와쵸를 돕는 지지자로 만드는 것이다. 이러한 상황을 2014년에 논문으로 정리하려 한 시도가 이 책을 내게 된 발단이었다. 그 후 홋카이도 가미시호로쵸와 히가시카와쵸의 상황을 비교 분석하는 형태로 주민들이 고향납세제도에 참여하는 동기를 검증했고 2016년 논문으로 발표했다. 이렇게 두 연구를 통해 고향납세를 활용한 지역의 매력 발굴과 사업화·환금화 가능성을 찾게 됐다.

본서는 그 이후의 연구 성과를 주로 다루고 있다. 홋카이도에 국한하지 않고 전국적으로 이 제도가 유용한지, 이 제도의 유용성을 높이기 위해서는 어떻게 해야 할지, 제도의 개선점은 무엇인지 등의 문제의식을 바탕으로 연구를 진행했다. 그사이 고향납세제도에는 수차례 변화가 있었다. 저자도 총무성과 의견을 교환하며 본 연구가 조금이라도 제도 개선으로 이어지도록 노력했다. 또한 연구 과정에서 고향납세 대형 포털사이트인 '후루사토초이스' '사토후루'와도 의견을 교환했고 연구회도 개최했다. 이런 과정은 고향납세의 실태를 파악하는 데 매우 유익했다. 지면을 빌려 감사를 전한다.

구입형 CF와 고향납세의 적용 현장들을 이해하기 위해 지금까지 북쪽 홋카이도 네무로시(市)부터 남쪽 가고시마현 오사키쵸까지 전국 50곳 이상의 지방자치단체를 방문했고, 자치단체장과 직원들, 구입형 CF 실시 사업자와 고향납세 답례품 제공 사업자를 만나 의견을 교환했다. 응원해

주신 분들께도 깊이 감사드린다. 초기에는 지방의 물건이나 상품을 사업화 (환금화)하고 이것을 지역발전 및 지역 활성화로 연결시키고 싶다는 생각이었지만, 지방의 현장을 방문할수록 사업만이 아니라 지역 과제와 사회 과제도 많이 존재한다는 것을 배우게 됐다. 교육·의료·교통 인프라 등 구체적으로 일일이 열거할 수 없지만 이들 과제를 해결하려면 자금이 필요하다. 사회 과제를 해결하기 위한 자금조달 수단은 최근 다양해지고 있다. 크라우드펀딩·고향납세도 그중 하나이고, 최근 자주 듣는 것 중에는 사회성과연계채권(SIB)이나 성과보상(Pay for Success)이라고 불리는 것도 있다.

SIB는 장래 지방자치단체의 운영비용을 낮추기 위한 각종 시책을 펼치는 데 필요한 자금을 조달하는 것이다. 지금까지 지역발전과 지방 활성화는 자금을 획득해 무언가를 실시해 수익을 올린다는 발상 아래 주로 논의됐지만, 장래 지역 운영비용을 낮추기 위해 어떤 프로젝트를 실시한다는 것은 정말로 새로운 개념이다. 이는 단순한 경비 절감과는 다르다. 경비 절감은 지방과 지역을 위축시키지만, 예를 들어 당뇨병이나 유방암 환자를 줄여 지역 의료비를 절감시키는 것은 의료비의 삭감뿐만 아니라 건강한 인구의 증가도 의미하므로 경비 절감과는 반대로 긍정적인 영향을 줄 수 있다. 다만 SIB의 사례는 해외를 포함해 아직 숫자가 적고 연구 축적이 이제 시작된 단계이다.

성과보상(Pay for Success)은 SIB의 한 형태로, 이름 그대로 프로젝트가 잘됐을 경우에 보수가 지불되는 성공보수형 자금조달 수단이다. 일반적으로 자치단체가 각종 조달이나 프로젝트의 의뢰처를 선정할 때는 견적을 받는 등 엄격하게 진행하지만 프로젝트의 결과에 따라 의뢰처에 지불하는 금액이 변화하는 일은 없으며, 일단 프로젝트 실시 주체로 선정되면 결과는 묻지 않는다(검증하지 않는다)는 구도로 돼 있다. 그러나 결과에 상응하는 보수를 지불하는 사업 세계로부터 어느 정도 당연한 개념을 가져온 것이 이 성과보상(Pay for Success)이다.

이들을 포함한 지역 과제와 사회 과제를 해결하기 위한 자금조달 수단(총칭해서 사회적 금융)에 관한 논의와 관심에서는 유럽과 미국이 상당히 앞서 있고, 저자도 지금 미국에서 이 영역을 연구하고 있다. 2021년 3월 말 귀국 후 일본에서 사회적 금융의 효과적인 활용 방법에 관한 연구를 계속 진행할 계획인데, 일본에서는 현재 크라우드펀딩과 고향납세가 그러한 사회적 존재감을 드러내고 있다. 본서에서는 우선 이 두 가지를 통한 지역발전과 지역 활성화 가능성을 논하기 위해 지금까지 실시한 연구 실적을 정리했다. 본서가 지역발전과 지역 활성화에 종사하는 자치단체장·정책담당자·지역사업자 그리고 이 분야를 연구하는 이들에게 시사점을 제공할 수 있기를 바란다.

본서의 간행은 과학연구비 기반연구(C) 지역 발전을 지원하는 사회비즈니스의 바람직한 자금공급 연구(19K12503)의 지원을 받았다. 제7장은 과학연구비 국제공동연구강화(A) 사회금융과 수요견인형 시장에 의한 지역 활성화 연구(19KK0334)의 지원 성과이다. 그 밖의 여러 장에 노무라 매니지먼트스쿨, 무라타 학술진흥재단, 21세기 문화학술재단의 지원을 받아 실시한 연구 성과를 반영했다. 또한 오사카시 정촌진흥협회(맛세 오사카)가 개최한 '크라우드펀딩에 의한 지역 활성화 연구회' '지역화폐를 도입한 지역발전연구회', 사업구상대학원대학이 주최한 '고향납세·지역발전연구회'에서는 응용력 있는 참가자의 논의를 들을 수 있었다. 귀중한 논의의 장을 마련해준 기관들에 감사를 전한다.

집필과 편집에 있어 중앙경제사의 하마다 다다시浜田匡 씨에게 많은 신세를 졌다. 또한 연구와 관련된 각종 설문조사, 정리, 논문 집필 과정에서 고베대학 경영학연구과 연구조성실 오니시 마사코大西雅子 씨를 비롯한 많은 분들, 여러 논문의 공저자였던 구보 유우이치로久保雄一郎 씨, 호다 연구실에서 근무한 미즈노 사치에水野さちえ 씨, 나카니시 리에中西理恵 씨가 지원을 해줬다. 감사드린다.

연구 시찰을 하는 동안 방문했던 각 지역에서 많은 동료를 만날 수 있었다. 여러 가지 색깔의 토마토, 양돈장의 꼼꼼한 사료관리, 지역 고령자의 일자리 창출 등 현지의 많은 열정이 떠오른다. 아쉬운 것은 거의 매번 당일 출장이었기 때문에 현지 음식을 즐길 기회가 적었다는 점이다. 마땅한 숙소가 없었다는 점 또한 아쉬웠다. 그리고 이동수단으로 렌터카를 이용했는데, 요즘 청년들은 운전을 하지 않는 사람이 적지 않았고, 실제로 운전면허가 없거나 장롱면허인 사람들과도 여러 번 동행했다. 지역의 교류 인구를 늘리는 데 있어서 민박이나 이동수단의 정비가 필수 과제임을 몸소 실감했다. 또한 혼자서 연구시찰을 할 때는 이야기를 들으면서 필기하기가 힘들었고, 운전 중 보는 풍경을 사진으로 촬영하는 것도 어려웠다. 이 때문에 음성을 글씨로 전환해주는 소프트웨어를 갖고 싶었고, 눈에 보이는 것을 자동으로 촬영해주는 제품도 갖고 싶었다.

벤처기업이 지방에 위성 사무실을 개설하는 움직임이 근래 증가하고 있는데, 그 이유도 지방에 있는 쪽이 더욱 확실하게 혁신을 추진할 수 있기 때문일 것이다. 지역은 도시에서는 볼 수 없는 혁신 가능성을 내포하고 있고, 아직 발굴되지 않은 매력을 풍부하게 갖고 있다. 그것을 이끌어내기 위해서는 자금이 필요하므로 이 책을 통해 향후 사회적 금융의 연구 및 실무가 계속 확대돼가길 바란다.

2021년 2월 미국 실리콘밸리 자택에서

호다 다카아키 保田隆明

| 차 례 |

008 들어가며

024 제1장 **이제는 지역경영으로 전환할 때**
　　　— 지속가능한 사회를 위하여

026 1. 지역 '운영'에서 지역 '경영'으로 전환

028 2. 지역발전 전략은 왜 어려운가?

030 3. 한정적인 지역투자자금

033 4. 새로운 대체 자금조달 수단(사회적 금융)의 등장

040 제2장 **고향납세의 개요와 지방자치단체 운영에 미친 효과**
　　　— 지방자치단체 운영 패러다임의 전환 : 경영 관점의 도입

042 1. 고향납세의 개요

043 　　1.1 고향납세 도입의 배경과 연혁

044 　　1.2 일부 납세액의 실질적인 지역 간 이전

046 　　1.3 혜택을 받은 지방과 자금 유출에 직면한 도시의 대립 구조

047 　　1.4 고향납세 답례품

050   2. 지방자치단체 패러다임의 전환 : 운영에서 경영으로

051   2.1 마케팅 기술로 예산 확보가 가능한 제도

052   2.2 지방자치단체 마케팅의 어려움

053   2.3 지방자치단체가 경험하지 못한 미래투자

054   2.4 지방자치단체의 고객은 누구인가?

056   3. 고향납세의 제도적 과제 : 전체 또는 부분적 최적해

058   4. 고향납세를 둘러싼 다양한 논의

062   제3장 **지역사업자 육성지원 효과와 경영능력 향상 방안**
         — 고향납세 답례품 제공사업자 사례

064   1. 기존 보조금 정책과 조성금에 의한 중소기업 정책

064   1.1 지역 중소기업 정책의 현황

065   1.2 지역 중소기업의 경영능력지표 개선

066   2. 고향납세의 구조적 특징 : 중소기업 지원 관점

066   2.1 세 가지 구조적 특징

067   2.2 보조금 정책과 고향납세 답례품의 차이

067   2.3 인재 육성 시장 : 창업 촉진

069   2.4 민관의 2인3각 협력 구조

069   2.5 중소기업 정책에 대한 시사

071   3. 답례품 제공으로 사업자 경영력 향상 사례

072   3.1 상품 포장 개선 사례

075   3.2 시장과 업종의 변화

077　　　3.3 신상품 개발, 신규사업 진출, 창업 사례

082　　　3.4 장애인 고용에 미치는 영향

083　　4. 민관 연계가 지역창업의 성공 열쇠

083　　　4.1 중소기업에 대한 실질적인 지원 필요

084　　　4.2 6차 산업화의 전망

086　　　4.3 선시장 수요가 지역창업을 촉진하는 효과

087　　5. 지역사업자 육성지원 과제

090　　제4장 **지역 기업가정신 향상**
　　　　　— 고향납세 답례품 제공사업자 데이터 분석과 설문조사

092　　1. 고향납세 답례품 제공사업자의 실태 파악 필요성

093　　2. 답례품 제공사업자의 특성 및 경영 능력 향상 설문조사법

095　　3. 답례품 제공사업자의 특성

095　　　3.1 답례품 제공사업자의 규모

099　　　3.2 답례품 제공사업자의 매출 현황

102　　　3.3 답례품 매출액이 회사 전체 매출액에서 차지하는 비율

105　　　3.4 답례품 제공사업자 속성에 관한 소결

106　　4. 답례품 제공사업자의 경영 능력 향상에 관한 설문조사 결과

106　　　4.1 답례품 제공사업자의 변화

114　　　4.2 지역 투·융자에 미치는 영향

115　　　4.3 지방자치단체와 사업자 간의 이해관계 일치 효과

117　　5. 설문조사를 통한 지역 기업가정신 향상의 시사점과 과제

122 제5장 **지방 이주·정주 정책과 관계인구 증가 정책**
      — 고향납세 관련 정책적 시사점

124 1. 인구 감소 사회에 있어서 중요한 인구공유 정책

126 2. 고향납세 관련 관계인구와 교류인구의 확대

126   2.1 체험형 지역 방문 촉진

128   2.2 적극적인 지방 교류 시작

129   2.3 시민의 마을 조성 참여기회 확대 : 지역 내 연계 강화

130 3. 이주·정주 정책 고찰

130   3.1 희소한 성공 사례

131   3.2 육아지원 정책의 효과와 영향

135 4. 홋카이도 가미시호로쵸의 인구 동향 분석

135   4.1 인접 지역의 영향을 받기 쉬운 가미시호로쵸

137   4.2 홋카이도 가미시호로쵸 인구 변화 추이

137   4.3 홋카이도 가미시호로쵸 전입 인구 추이

143   4.4 홋카이도 가미시호로쵸 전출 인구 분석

146   4.5 이주·정주에 영향 미친 육아지원책

148 5. 지방의 이주·정주 정책과 관계인구 증가 정책의 시사점

152 제6장 **고향납세에 의한 지역금융기관 기능 강화 가능성**
      — 지역금융기관의 융자와 산업·관공서·금융기관의 연계 상황

154 1. 산·관·금 연계에 의한 지역균형발전 가능성

156 2. 고향납세 답례품과 산·관·학·금 연계 사례

159 3. 고향납세와 산·관·학·금 연계에 관한 지역금융기관 설문조사

160   3.1 조사의 개요와 금융기관의 특성

161   3.2 지역금융기관의 고향납세 인식

162   3.3 고향납세가 지역사업자와 지역경제에 미치는 영향 인식

165   3.4 답례품 제공사업자 융자 현황

172   4. 정책적 시사점

178   제7장 중소기업과 지방기업에 유용한 구매형 크라우드펀딩
— 크라우드펀딩의 가능성과 과제

180   1. 고조되는 크라우드펀딩에 대한 기대

182   1.1 크라우드펀딩이란?

184   1.2 구매형 크라우드펀딩의 시장 규모와 추이

186   1.3 구매형 크라우드펀딩 사업자의 낮은 경영 리스크

188   1.4 중소기업과 지역의 발전에 미치는 영향

189   1.5 중소기업과 지역의 발전에 미치는 간접적인 영향

193   2. 구매형 크라우드펀딩에 관한 선행 연구들

194   2.1 구매형 크라우드펀딩 자금조달의 성공 요인

195   2.2 구매형 크라우드펀딩 참여자의 동기

196   2.3 구매형 크라우드펀딩 참여자의 만족도

197   2.4 구매형 크라우드펀딩 지역발전 전략의 효과

198   2.5 구매형 크라우드펀딩 마케팅의 역할

199   2.6 대기업 구매형 크라우드펀딩의 활용

201   3. 중소기업과 지방기업에 유용한 구매형 크라우드펀딩

203   4. 구매형 크라우드펀딩에서 해외 상품과 대기업 상품이 미치는 영향

208 제8장 **구매형 크라우드펀딩과 지역금융**
　　　― 지역금융기관에서 구매형 크라우드펀딩의 역할과 운용

210 1. 지역금융기관과 구매형 크라우드펀딩의 연관성

212 2. 크라우드펀딩과 지역금융에 관한 선행 연구

215 3. 구매형 크라우드펀딩에 대한 지역금융기관의 인식과 활용

216 　　3.1 지역금융기관의 구매형 크라우드펀딩 활용 현황

219 　　3.2 구매형 크라우드펀딩을 통한 여신·심사 기능의 가능성

221 　　3.3 지역금융기관의 구매형 크라우드펀딩에 대한 인식

226 　　3.4 지역금융기관 수익 측면에서의 유용성

227 　　3.5 구매형 크라우드펀딩을 통한 지역 활성화 가능성

231 4. 구매형 크라우드펀딩과 지역금융기관의 협업을 통한 지역 활성화 가능성

236 제9장 **지역 과제 해결을 위한 사회적 금융의 역할**
　　　― 일본형 공공 크라우드펀딩의 동향

238 1. 지방자치단체 주도형에서 시민참여형으로 변화

239 　　1.1 후순위 지역 과제 해결

240 　　1.2 지방자치단체 예산 확보의 민주화

243 2. 크라우드펀딩과 고향납세 사이의 선 긋기와 역할 분담

243 　　2.1 실시 주체의 제약과 자금제공자를 위한 세제 혜택의 차이

243 　　2.2 실시 주체에 따른 영향

245 3. 공공 크라우드펀딩

247 4. 고향납세에 의한 일본판 CCF 동향

247 　　4.1 일본판 CCF의 개요

249　　4.2 일본판 CCF의 상황

250　　4.3 일본판 CCF의 재해지원

251　5. 일본판 CCF와 민간기업의 협업

251　　5.1 민간 컨소시엄을 통한 사업 성공

253　　5.2 지역의 과제의식과 지방자치단체의 개인·기업 지원 구조

254　6. 일본판 CCF의 마을 조성 효과

256　7. 일본판 CCF의 잠재적 과제

256　　7.1 단순한 안건에 대한 지역의 높은 수요

257　　7.2 지역 과제 vs 사회 과제

257　　7.3 지방자치단체 개입의 장점과 단점

259　8. CF 플랫폼을 통한 일본판 CCF

261　9. 일본판 CCF의 과제

264　제10장 디지털토큰·지역화폐의 가능성과 과제
　　　　— 히다신용조합 '사루보보 코인' 사례

266　1. 왜 지금 디지털토큰·지역화폐를 이야기하는가

267　　1.1 정부가 지원하는 테크놀로지의 진전

268　　1.2 줄을 잇는 도입 사례

268　　1.3 디지털토큰·지역화폐 보급 및 정착의 열쇠

269　　1.4 디지털토큰·지역화폐의 기대효과

270　2. 선행 연구로 살펴본 일본 지역화폐의 역사

270　　2.1 커뮤니티의 형성과 상가 활성화

272　　2.2 지역화폐의 효과와 영향에 대한 분석 결과

273   3. 전자지역화폐 이용자의 속성과 가맹점 결제 상황 분석

274   3.1 사례분석 : 히다신용조합의 '사루보보 코인'

275   3.2 조사의 개요

276   4. '사루보보 코인'의 이용 실태

276   4.1 이용자의 속성

278   4.2 사루보보 코인의 충전 현황

280   4.3 사루보보 코인 결제 이용 실태

283   4.4 사루보보 코인 가맹점의 환전 현황

284   5. 디지털 지역화폐의 향후 전망과 과제

290   제11장 **미래 지역경영의 목표**

292   1. 앞으로의 지역 과제

292   1.1 지역사업자 육성 후 출구전략 필요

295   1.2 지역사업 투자전략 수립

297   2. 지역의 가능성

297   2.1 지속가능한 지역 그리고 지방의 가치 재발견 : 순환경제권 구축

299   2.2 설비 투자, 고용 증가 및 비용 감소 효과의 활용 전략

301   3. 산·관·학·금 우수 사례 축적

302   4. 사회적 비즈니스의 토대 형성

306   참고자료 및 참고문헌 일람

01

이제는 지역경영으로
전환할 때

─지속가능한 사회를 위하여

1. 지역 '운영'에서 지역 '경영'으로 전환

왜 '지역발전'과 '지역 활성화'가 필요한가? 바로 지속가능한 사회를 실현하기 위해서다. 그리고 '경영' 관점이 필요한 이유는 국가 예산만으로 지역 기반을 강화 또는 유지해온 기존의 지방자치단체 운영 방침이 더 이상 유효하지 않기 때문이다. 국가경제가 계속 성장할 때라면 효과적인 운영 모델이 되겠지만, 성장이 지체되거나 정체되면 지방자치단체도 독자적인 재원 강화를 모색할 필요가 있다. 지역을 하나의 국가로 본다면 지역 내에서 생산한 재화나 서비스를 지역 외부로 수출해 외화를 벌어들이는 동시에, 지역 외부의 관광객을 유치해 지역경제 활성화를 유도해야 할 것이다.

그리고 무엇보다도 지역 인구가 유출되지 않도록 노력해야 한다. 지역의 노동인구가 감소하면 생산력이 저하되고 소비가 줄며 경제 활력이 떨어지기 때문이다. 곧 지역 활성화를 위해서는 사람·물건·자금이 지역 내에서 순환할 수 있도록 환경을 조성해야 한다.

다행히도 최근 소규모 사업자가 사업하기 쉬운 환경이 조성되고 있다. 인터넷상에서 소량 판매가 가능하기 때문에 소량 생산으로도 사업을 영위할 수 있으며, 사회관계망서비스(SNS)를 통해 입소문이 나면 지방에서도 히트 상품이 나올 수 있다. 자금조달 측면에서도 대출 이자율이 사상 최저 수준이어서 사업자 부담이 예전에 비해 줄어들었다. 그리고 주식 발행과 대출 이외에도 몇 가지 '사회적 금융'이라는 새로운 자금조달 수단이 등장하고 있다. 사회적 금융은 변제가 필요 없으며, 재화나 서비스를 구입하면서 동시에 자금을 조달할 수 있는 유용한 수단이다.

이처럼 지방의 소규모 사업자가 사업하기 쉬운 환경 기반이 갖춰졌다고 해도 개별 사업자가 전국에 있는 경쟁 기업을 이겨내면서 독립적으로 사업하기란 쉽지 않기 때문에 지방자치단체와 다른 지역사업자의 도움이 필요하다. 또한 소규모 사업자가 성공적으로 기회를 포착해 사업 확대를 추진할 경우 새로운 인재 참여가 요구된다. 지역을 매력 있는 장소로 만들고, 사람들이 살고 싶어 하는 환경을 조성해야 사업 확대에 필요한 인재가 모여든다. 이를 위해서 지역의 매력을 돋보이게 하는 마케팅 전략이 필요하다.

본서는 지역경영에 관심 있는 정책 담당자와 실무자들이 지역경영의 핵심 요소인 '신사업 창출'과 '지역사업자 육성', 그리고 이러한 과정에 필수적인 '자금조달'을 중심으로 분석한 결과를 정리해 이에 대한 시사점을 제시하고자 한다. 각 지역이 안고 있는 과제와 상황이 다양하기 때문에 특정 지역에서 성공한 지역발전 전략을 다른 지역에 적용하기는 쉽지 않다. 그러므로 우수 성공 사례의 수집도 중요하지만, 각 지역을 한 단계 끌어올리는 전체적인 제도 설계가 절실하며 본서의 연구 대상도 이러한 측면에 역점을 뒀다.

2. 지역발전 전략은 왜 어려운가?

지역발전 전략을 짜는 데 있어 곤란한 점은 지역의 제도 설계에 이용되는 구체적인 정책들이 모든 지역에 수평적으로 적용되기 어렵다는 것이다. 다시 말하면 특정 지역에서는 잘 적용된 전략이 다른 지역에서는 적용되지 않을 수 있다. 지역발전 전략과 관련해 결론부터 말하자면, 성공적인 지역발전 전략을 추진하기 위해서는 핵심 인재의 역할이 무엇보다 중요하다.

근래 들어 지역에 대한 관심이 커지고 있다. 2017년 '국토교통백서'에서도 20대 인구 4명 중 1명이 '전원생활을 할 수 있도록 지방 이주를 적극적으로 추진해달라'고 응답했다. 2020년 이후에는 '신종 코로나바이러스 감염증(코로나19)'으로 인해 이러한 경향이 더욱 강해졌다. 그러나 실제 지방 이주는 좀처럼 잘 추진되지 않고 있다. 그 이유 중 하나는 지방 이주를 실현시킬 수 있는 지속가능한 시스템이 구축되지 않았기 때문이다.

이전에는 대기업 공장을 유치해 고용을 창출하고 인구를 증가시키는 전략이 지방자치단체가 할 수 있는 성공 전략의 정석이었다. 그러나 제조업 거점이 해외로 이전하고 제조 과정이 자동화하면서 지역 고용은 감소하고 있다. 이제는 공장을 유치하는 과거 모델이 더 이상 유용하지 않다.

지금 필요한 전략은 지역사업자의 생산성을 향상시키면서 신규 사업을 만들어내거나 창업을 육성하는 전략이다. 이를 위해서는 자금 조달이 핵심 요소다. 경제성장기에는 지방교부세 및 교부금 등의 지원으로 비교적 쉽게 재원을 확보할 수 있었다. 그러나 국가 재정에 여유가 없을 때는 지방자치단체가 독자적으로 이들 재원을 확보해야 한다. 그리고 지역의 기업 활동이나 주민의 소비 활동이 활발하다면 지방의 쇠퇴를 피할 수 있겠지만, 제조업 거점이 해외로 가고 주민이 도시로 빠져나가는 상황이라면 지역에는 고령자만 남을 수밖에 없다. 그러므로 지역을 지속가능하게 하는 대책이 필요하다.

최근 기업 현장에서는 '지속가능한 개발목표(SDGs·Sustainable Development Goals)'에 관한 논의가 활발하다. 기업 경영에서 지속가능한 개발목표는 개발 또는 성장(Development)이 주된 전제이지만, 지방이나 지역 입장에서는 쇠퇴를 방지하고 현 상태를 유지하는 정책이 더 중요하다. 이를 위해서는 단순히 자금을 조달해 사업을 추진하는 데 그쳐서는 안 되고 다른 지역에 있는 사람을 관계인구 또는 교류인구로 유입해 지방과 도시 사이에 사람·물건·자금 그리고 지혜가 소통할 수 있도록 해야 한다. 본서에서 다루는 대체적인 자금조달 수단은 단순한 자금조달에 그치지 않고, 관계인구와 교류인구의 구축을 통해 역동적인 지역경영을 실현하는 것까지 추구하고 있다.

3. 한정적인 지역투자자금

기업의 주요 자금조달 수단으로는 주식 발행과 은행에서의 차입이 있으나, 지방에서는 이러한 자금조달이 원활하게 이뤄지지 않는다. 또한 대부분의 벤처캐피털은 도쿄에 편중돼 있으며, 지방에 대한 투자 결정은 좀처럼 쉽지 않다. 그리고 지방기업의 대부분은 상장을 목표로 할 정도의 큰 규모에 이르지 못해 주식 발행을 통한 자금조달이 어려운 상황이다. 한편 금융기관을 통한 창업지원 융자 및 보증 제도는 상대적으로 충실하게 마련돼 있지만, 기업 확장 과정에 지속적으로 필요한 운전자본의 융자는 제대로 이뤄지지 않고 있다.

이처럼 지방의 중소기업이나 벤처기업 그리고 지역 과제, 사회 과제를 해결하기 위한 사회적 비즈니스에는 예전부터 리스크성 자금이

조달되기 어려운 구조이다. 다만 최근에 사회 과제를 해결하기 위한 새로운 자금조달 방법으로 사회적 금융기법이 등장했다. 기업은 지역 발전을 위해 고향납세·크라우드펀딩·사회투자 등을 활용해 자금을 조달하고 신규사업 진출과 사업 확장을 통해 지역 과제와 사회 과제를 해결하고 있다.

각 사회적 금융기법의 효율적인 활용과 자금 제약 여부, 거시적인 자금흐름 등에 대한 추가적인 연구가 필요하다. 각각의 자금조달 기법이 어떠한 사업과 잘 어울리는지와, 사회적 금융이 기존의 자금조달 수단과 비교해 지역에서 기업가정신 창출과 지역 과제 해결에 어느 정도 효과가 있는지는 실무적으로나 연구목적상으로 중요한 문제이다(도표 1-1).

<도표 1-1> 지역사업에서 금융환경의 변화

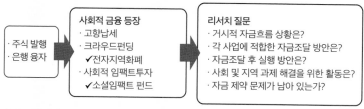

출처) 저자 작성.

일본의 경제 활성화를 위해서는 지방경제를 지탱하는 중소기업 (전체 기업의 99%를 차지)의 발전이 매우 중요하다. 지역에 뿌리내린 중소기업의 사업 활동과 이를 지원하는 금융시스템은 지역발전을 위해 꼭 필요하다.

지금까지는 이들에 대해 개별적으로 연구가 진행돼왔다. 예를 들어 지역발전은 중소기업론이나 은행론의 분야에서 많이 연구됐으며, 창업은 시가총액 1,000억 엔으로 변화한 인터넷 관련기업을 대상으로 기업가정신 분야에서 취급해왔다. 해외에서는 이들을 통합해 연구하는 학술적인 접근이 등장하고 있으며, 본서도 가능한 한 이러한 접근법을 의식하면서 논지를 펼쳤다.

예를 들어 고향납세나 크라우드펀딩은 자금조달 수단인 동시에 상품 판매망을 전국적으로 확대하는 수단이기도 하다. 지역만을 상권으로 할 경우 신상품의 등장은 기존 상품의 수익과 상충할 수 있어 지역사업자가 신규사업에 의욕을 보이지 않을 수 있지만, 고향납세나 크라우드펀딩은 상권을 지역 외로 확장하기 때문에 지역사업자의 기업가정신을 이끌어낼 수 있다. 그리고 이러한 새로운 금융기법을 활용한 사업 전개는 인구감소에 직면한 지방에서 더욱 효과적으로 작용할 수 있다.

4. 새로운 대체 자금조달 수단(사회적 금융)의 등장

이처럼 최근 새롭게 등장한 대체적 자금조달 수단은 기업의 자금조달 수단인 동시에 기업이 지역 과제나 사회 과제를 해결하려고 할 때에 가장 잘 작동할 수 있다. 그러므로 본서는 이들을 사회적 금융으로 묶어서 논하고자 한다. 이들 모두가 인터넷을 통한 소액 자금조달이 가능하며, 개인으로부터 공감을 얻어 자금을 조달하고, 때로는 사업상 어떠한 형태(마케팅·홍보 지원 등)로든 참여하는 구조를 갖추고 있기 때문이다.

본서는 주로 두 가지 사회적 금융 기법에 주목하고 있다.

첫 번째 방법은 '고향납세'이다. 고향납세가 사업자와 지역경제에 미치는 영향을 명확하게 분석해 대체적 자금조달 수단으로서의 유용성을 검증한다. 그리고 고향납세가 답례품 제공사업자의 자금조달 개선과 그로 인한 사업성 향상에 어느 정도 기여했는지를 조사한다. 특히 지역금융기관과 연계됐는지, 어떤 경우에 지역금융기관이 지역경제의 관여도를 향상시켰는지를 밝히고자 한다. 또한 시민참여형 지역 과제 해결에 대한 공헌과 인구 변화에 대한 영향을 밝혀 지역 활성화 정책으로서의 유용성을 검증한다. 고향납세를 활용한 각종 정책으로 인구가 증가하고 있는 지방자치단체도 등장한다.

다만 이러한 현상이 인근 지방자치단체의 인구를 감소시키는 측면도 있기 때문에 고향납세에 의한 이주 및 정주 효과에 대한 분석이 필요하다. 인구 변화에는 다양한 요인이 영향을 미치므로 분석이 어렵지만, 지방에서 제로섬 게임을 유발할 뿐인지, 아니면 인구의 도시 집중 완화와 지방으로의 회귀를 촉진하는 효과가 있는지를 검토한다.

고향납세제도는 일본 특유의 독특한 제도로, 이 제도를 활용한 지역사업자 육성 기능에 대해 해외 연구자들의 관심이 높다. 국제 기업가정신 활동 상황을 조사하는 '국제 기업가정신 조사(Global Entrepreneurship Monitor)'에 따르면, 일본은 기업가 에코시스템 부문에서는 거의 최하위 수준에 머물고 있지만, 대체적 자금조달 수단은 자금조달 방법이 한정돼 있던 벤처기업과 지역기업에 상당한 영향을 미치고 있고 벤처사업의 창출과 지역사업자의 기업가치 향상에도 이바지하고 있다고 평가한다.

이들 두 가지의 구체적인 사회적 금융기법에 대한 분석과 병행해 최근 화제를 모으고 있는 디지털토큰과 지역화폐의 도입에 따른 지역 활성화에 대해서도 검토한다. 구체적으로 '사루보보 코인' 사례를 연구했다.

이외의 대체적 자금조달 수단으로는 '소셜임팩트 펀드(SIB)'가 있다. SIB는 주로 지방자치단체의 재정 및 경비상 부담을 경감시키는 사업에 대한 자금조달 수단으로, 성과연동보수형(Pay for Success)이라는 점에서 새로운 제도이다. SIB는 당초 보건·의료, 간병·복지, 고용·

교육 분야의 시범사업 검증을 위해 민간자금을 활용하려는 목적에서 시작됐다. 최근에는 청년 및 장기실업자의 창업지원 분야에도 활용되고 있으며 지역발전 분야에도 응용되고 있다. 그러나 아직 전 세계적으로 관련 사례가 수백여 건밖에 존재하지 않기 때문에 제도의 최적 적용을 논하기는 이르다. SIB의 개요와 해외 연구사례에 대해서는 쓰카모토塚本 외(2016)에서 제공하고 있으므로 관심 있는 분은 참고하길 바란다(일본 도입·검토를 위한 사례 및 조사연구는 포함돼 있지 않음).

SIB의 특징과 공헌은 불필요한 예산 집행으로 인한 낭비를 절감하고, 예산 사용에 있어서 성과보수의 개념을 도입한 점이다. 아직까지는 각 프로젝트 수행을 위해서는 많은 이해관계자가 필요하기 때문에 금전적 수지가 맞지 않는 상황이다. 보다 간편한 방법을 적용할 수 있다면 더욱 발전된 형태로 지역발전, 특히 창업지원이나 지방 이주지원 등에 적용될 수 있을 것으로 생각한다. 다음 장에서는 위의 내용을 구체적으로 분석하고 설명한다.

두 번째 방법은 '크라우드펀딩(CF)'이다. 기존 연구는 개별 안건마다 CF에 의한 자금조달 성공 요인을 밝히고 있다. 우치다·하야시内田·林(2018), 후지와라藤原(2019)에 따르면 CF는 도시 지역에 사업체를 둔 기업의 자금조달 수단으로 유리하기 때문에 중소기업, 특히 지방기업에는 잠재적인 단점으로 작용할 가능성이 있다고 분석하고 있다.

한편 우치다內田·반伴(2020)은 최근 도시 지역의 유리함을 찾아볼 수 없게 됐다는 분석 결과를 내놨다.

따라서 CF에 내재된 프로젝트의 속성이나 내용 그리고 다른 자금 제공자(벤처캐피털·지역금융기관 등)와의 연계나 보완 관계를 명확히 해 중소기업과 지방기업이 CF라는 새로운 자금조달 수단을 어떻게 활용할 수 있는지를 정리해둘 필요가 있다. 이렇게 분석하면 CF가 지역 활성화에 미치는 공헌과 지역에서 리스크성 자금의 증가 원인도 밝힐 수 있다.

특히 지방기업을 고려할 경우 지역금융기관의 역할은 매우 중요하다. 필자가 실시한 예비설문조사에 따르면, 기존에는 신용 부족으로 융자를 받지 못하고 좌절한 지역사업의 일부가 CF 연결금융(연결융자)의 역할을 통해 성공한 경우도 있었다. CF가 융자 전 단계인 초기금융 기능을 수행할 수 있다면 지역 내 자금순환이 호전될 수 있으며, 경우에 따라서는 금융기관의 여신 선별 기능을 대체할 가능성도 있다.

CF가 새로운 리스크성 자금으로 등장하면 지역금융기관의 융자를 보완하는 역할이 가능하며, 나아가 지역예금률 개선에도 기여할 수 있다. CF 분야를 소개한 논문인 Moritz and Block(2016)도 CF 분야의 연구영역을 넓힐 필요가 있다고 보고 있으며, 후보 영역의 하나로 본서에서 다루는 연결금융을 언급하고 있다. 그리고 도시와 지방의 활용 상황과 그에 따른 신규 사업자 육성 상황도 검증할 수 있다면 지방기업 활성화에 필요한 중요한 연구 자료가 될 수 있다.

본서는 CF에 관해 시민이나 비영리기관(NPO)·비정부기구(NGO) 등 시민조직, 때로는 지방자치단체가 실시 주체인 '공공 크라우드펀딩(CCF)'에 대해서도 다룬다. CCF는 사회적인 성격이 강해 기존에는 행정기관만이 수행하는 것으로 받아들이던 사회 과제나 지역 과제를 시민이 자금조달 단계부터 관여할 수 있도록 하는 제도다.

이 배경에는 지방자치단체의 예산 부족, 사용처의 투명화 요구 증대, '실버 민주주의(노인 인구가 증가하면서 정치권이 노인 계층을 중시하는 공약과 정책에 치중하는 현상)'의 영향으로 인한 노인 예산의 편중, 일반 시민의 출자 등이 있다(Stiver et al. 2015). 이러한 상황은 일본에서도 동일하며, CCF는 주로 고향납세 구조를 활용하고 있다. 본서는 일본의 CCF 도입과 보급 가능성에 대한 판단 요건과 제도 설계에 관한 시사점을 제공한다.

고령사회의 가요와 지방자치단체 운영에 미친 효과 – 제2장

02

고향납세의 개요와
지방자치단체 운영에 미친 효과

―지방자치단체 운영 패러다임의 전환 :
경영 관점의 도입

1. 고향납세의 개요

고향납세는 주민이 자신이 원하는 도도부현(한국의 광역자치단체에 해당-옮긴이)과 시구정촌(한국의 기초자치단체에 해당-옮긴이)에 기부하는 제도다. 기부금 공제의 대상인 기부금 중 2,000엔을 초과하는 부분은 주민세 공제와 소득세 환급이라는 형태로 반환된다. 예를 들면 도쿄에 사는 사람이 1만 엔을 자신의 고향 지방자치단체에 기부하면 다음 연도에 그 사람의 주민세가 8,000엔 감소한다. 개인이 실질적 부담액 2,000엔으로 태어난 고향에 1만 엔을 기부할 수 있는 구조다.

지역 출신자가 도쿄에 있는 회사에 취직하면 자신이 태어난 고향의 은혜를 갚을 방법이 제한되지만, 고향납세제도를 이용하면 도쿄에 있으면서도 은혜를 갚을 수 있게 된다. 또한 태어난 고향에 한정하지 않고 자신을 도와준 지방자치단체나 관광으로 방문한 지방자치단체 그리고 재난지역 등 다양한 관계를 맺고 있는 지방자치단체도 지원할 수 있다.

또한 고향납세를 할 경우 주민세 공제와 소득세 환급(실질적으로는 현금 반환)이 가능한 기부금 상한액은 그 개인이 지불한 주민세의

20%다(2015년 3월까지는 10%였으나 추가 지원을 위해 세제를 개정해 2015년 4월부터 20%까지 확장함). 고향납세를 한 사람의 다음 연도 주민세가 감액되면 그 사람이 거주하는 지방자치단체의 세수가 그만큼 감소한다. 이렇게 고향납세를 이용할 때 상한액을 두지 않으면 도시권 지방자치단체는 고향납세로 인해 세수가 상당히 줄어들 위험에 빠질 수 있다.

1.1 고향납세 도입의 배경과 연혁

고향납세를 관할하는 총무성은 고향납세 신설 배경을 다음과 같이 밝혔다. 많은 사람이 지방에서 태어나고, 지방자치단체는 아이들을 양육하기 위해 의료나 교육 등 주민 서비스를 쏟아붓지만, 이 아이들이 성장해 도시권으로 진학하거나 취직하면 도시권 지방자치단체에 세금을 납부하게 된다. 그러면 결과적으로 지방의 희생을 통해 도시권 지방자치단체는 더 많은 세수를 거둬들인다. 이러한 상황을 개선하기 위해 '자신이 자란 '고향'에 어느 정도라도 자신의 의사로 납세할 수 있는 제도가 있으면 좋지 않을까(출처 : 고향납세연구회 보고서)'라는 문제 제기가 있었고, 여러 논의와 검토를 거쳐 고향납세제도가 만들어졌다.

총무성 '고향납세연구회' 회의는 2007년 6월부터 10월까지 아홉

번 개최됐다. 이 회의 결과를 반영해 지방세법을 개정한 후에 2008년 4월 30일부터 고향납세가 시행됐다.

총무성은 본 제도의 의의 및 이념을 ①납세자에게 세금의 사용 방법을 생각하게 하는 계기를 제공한다 ②지원하고 싶은 지역을 응원할 수 있게 한다 ③지방자치단체가 고향납세를 활용해 지역 사업을 홍보하는 등 지방자치단체 간 경쟁을 활발하게 할 수 있다로 정의했다.

1.2 일부 납세액의 실질적인 지역 간 이전

고향납세를 한마디로 말하면, 주민이 납세처(납세지)의 일부를 스스로 선택할 수 있는 제도다. 주민이 희망하는 지역에 기부금을 내면 기부금액의 대부분을 세금에서 환급하거나 공제받기 때문에 실질적인 추가 부담은 없다고 할 수 있다.

처음 이 제도를 접한 사람은 이런 제도가 존재한다는 사실에 놀랄 수 있기에 구체적인 사례를 통해 정리해본다. 고베시에 사는 개인이 4만 엔을 홋카이도 오타루시에 고향납세하면 고베시는 그 개인에게 3만 8,000엔의 주민세를 공제하기 때문에(실제로는 전액을 주민세 공제하지 않고 일부는 소득세로 환급되지만 여기서는 설명을 간단하게 하기 위해 전액 주민세로 공제된다고 설명함) 개인의 실질적인 부담액은 2,000엔이다. 경제적으로 고베시는 세수가 3만 8,000엔 감액되고, 반면에 오타루시는 그만큼의 수익이 발생해 세금의 지역 간 이전이 발생한다. 개인의 경제적 부담액과 거주 지방자치단체 및 국가 그리고 고향납세를 받은 지방자치단체의 경제성을 <도표 2-1>에 나타냈다(고베시를 거주 지방자치단체 및 국가로, 홋카이도 오타루시를 고향납세를 받은 임의 지방자치단체로 바꿔서 읽을 수 있다).

<도표 2-1> 고향납세에 의한 개인과 지방자치단체의 경제적 영향 차이

개인이 본 경제성		
일반(고향납세를 하지 않는 개인)		
	거주 지방자치단체와 국가에 대한 주민세와 소득세 지불	-20
	개인의 실질 총부담액	-20
고향납세를 하는 개인		
a	거주 지방자치단체와 국가에 대한 주민세와 소득세 지불	-20
b	임의 지방자치단체에 대해 고향납세로 기부금을 지불	-4
c	거주 지방자치단체로부터 주민세와 소득세 공제와 환급	3.8
d=a+b+c	개인의 실질 총부담액	**-20.2**
지방자치단체가 본 경제성		
일반(고향납세가 없는 경우)		
	거주 지방자치단체와 국가가 받는 주민세와 소득세	20
	거주 지방자치단체와 국가의 수입금액	20
주민이 고향납세를 한 경우		
e	고향납세를 받은 지방자치단체의 수입금액	4
f	주거 지방자치단체와 국가가 받은 주민세 및 소득세	20
g	거주 지방자치단체와 국가가 고향납세한 자에게 준 공제액 및 환급액	-3.8
h=f+g	거주 지방자치단체와 국가의 실질 수입금액	16.2
i=e+h	전국 지방자치단체와 국가의 수입금액 총액	**20.2**

주) 간소화 모델. 수치단위는 만 엔임. 표에서 b는 a의 20%로 계산함(기부금 공제의 기부액 상한이 주민세 20%이기 때문). 표에서 c는 b의 4만 엔 중 2,000엔을 뺀 금액임.
출처) 필자 작성.

1.3 혜택을 받은 지방과 자금 유출에 직면한 도시의 대립 구조

지금까지 고향납세를 이용한 납세지의 실질적인 이전은 쇠퇴하는 지방을 지원하는 또 하나의 수단으로 유용하다. 그리고 <도표 2-1>의 i 금액에서 확인할 수 있듯이 국가 전체적으로 수입금액 총액이 20만 엔에서 20만 2,000엔으로 증액했기 때문에 국가 세입의 증액 효과를 낳고 있다. 그러나 고향납세로 주민세가 줄어드는 지방자치단체(주로 도시권) 중에는 주민세 공제에 의해 세수 감소가 크게 발생한 지역도 있다. 2020년 과세 기준으로 요코하마시 144억 엔, 나고야시 85억 엔, 오사카시 71억 엔, 가와사키시 63억 엔, 도쿄도 세타가야구 49억 엔의 세수 감소가 발생했다. 또한 도쿄도의 모든 시구정촌까지 합하면 유출액은 859억 엔이 된다.

세수가 감소할 경우 그중 75%는 다음 연도 지방교부세 교부금의 증액으로 보전되나(요코하마시의 경우), 가와사키시와 도쿄 23구처럼 지방교부세의 교부단체가 아닌 경우에는 보전받지 못하기 때문에 주민세 공제에 의한 세수 감소는 그대로 세입 감소가 된다. 따라서 세수가 감소한 지역은 고향납세제도에 반대를 표명하고 있다. 실제로 도쿄도 특별구(23구)는 2020년 8월 6일 제도 개선을 요구하는 특별구 긴급공동성명을 발표했다. 도시권의 세수 저하 보전을 요구하는 내용이다.

1.4 고향납세 답례품

한편 고향납세에는 제도에 대한 찬반 논의 또는 지방과 도시의 대립 구조 논의가 치열한 또 하나의 특징이 있다. 고향납세를 통해 기부금을 모금한 지방자치단체는 일반적으로 기부금의 30% 상당을 답례 물건(답례품)으로 제공한다.

인구 감소와 세수 감소로 고민하는 지방자치단체에 고향납세를 기부하는 개인은 정말로 고마운 존재다. 이런 분들에게 감사의 마음을 전달하고 지역을 더욱 알리고 싶다는 생각은 매우 자연스럽다. 초기 답례 형태는 문자 그대로 답례 형식으로 송부한 지방자치단체가 많았지만, 그중에서는 지역 특산품을 답례품으로 송부하는 곳도 등장했다. 농작물을 예로 들면, 지역에서 수확한 상품을 해당 지역으로 보내는 방식이었다. 초기에는 이 같은 형태로 답례가 시작됐다.

한편 마케팅 세계에서는 소비자가 상품을 구매할 때까지의 행동 모델을 '아이다(AIDA)' 법칙으로 설명하고 있다. 이를 지방자치단체로 바꿔 해석하면 답례품은 주의(Attention)를 일으키고, 답례품을 통해 마을을 알게 하며(Interest), 그 마을에 가고 싶고 특산물을 구매하고 싶다는 욕구(Desire)를 느끼게 하고, 마지막으로 상품을 구매하고 관광하는 행동(Action)을 하게 한다. 즉 지방자치단체가 답례품을 통해 하는 모든 움직임이 마케팅 자체가 된다.

다만 고향납세로 기부하는 개인은 일단 답례품의 존재를 알게 되면 좋은 물건을 송부하는 지방자치단체에 기부하고 싶어 한다. 실제로 2016년부터 2019년까지 답례품을 둘러싼 과잉 경쟁을 벌였던 지방자치단체가 사회적으로 문제가 돼 고향납세에 대한 비판의 목소리가 높아졌다. 이에 따라 고향납세의 건전화를 목적으로 2019년 법을 개정했다. 현재 답례품은 기부금의 30%를 상한으로 하도록 정해졌고, 포장비·배송료와 기타 답례품 처리에서 발생하는 사무수수료까지 모두 포함해 기부금의 50%까지로 정하고 있다. 이러한 법 개정으로 2020년 10월 현재는 지방자치단체 간의 답례품 경쟁은 수그러졌고, 고향납세로 조달한 자금을 어떻게 각 지방자치단체에서 유용하게 활용할 것인지로 흐름이 바뀌고 있다. 이렇게 답례품으로는 차별화하기 어렵게 되자 각 지방자치단체는 색다른 아이디어를 고안해야 할 상황에 놓였다.

답례품을 포함한 고향납세제도의 시스템과 단계를 정리하면 다음과 같다.

<도표 2-1>과 <도표 2-2>에서 분석한 고향납세로 기부하는 개인의 경제성은 다음의 <도표 2-3>과 같이 정리할 수 있다.

<도표 2-2> 고향납세 전체 구조와 각 단계

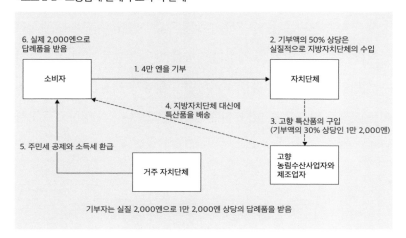

주) 도표의 '2'에서 지방자치단체의 수입이 기부금의 50% 상당인 이유는 답례품 기부금 30%와 포장비·배송료 및 기타 사무수수료 20%가 발생한다고 가정했기 때문임.
출처) 호다保田·야수이保井(2017) 참고 및 일부 변경.

이처럼 각종 보도매체를 통해 경제적으로 '이득이 되는 제도'로 소개되면서 고향납세 시장은 확대됐고, 2019년(2019년 4월~2020년 3월) 고향납세 총액은 4,875억 엔(전년도 대비 4.1% 감소), 2019년 (1~12월) 이용자 수는 406만 명(전년도 대비 2.7% 증가)이 됐다(총무

<도표 2-3> 고향납세로 기부한 개인의 이득

기부 지출	▲4만 엔
세금의 현금 환원	+3만 8,000엔
배송받은 답례품	+1만 2,000엔 상당
합계	+1만 엔 이득

성 발표, 이용자 수는 고향납세 후에 세액공제를 받기 때문에 실제 이용자 수는 이보다 많을 수 있음). 금액 기준 시장규모 감소는 과도한 답례품 경쟁으로 인한 법 개정의 영향을 받은 것으로 보이나, 이용자 수가 완만하게 상승한 것을 고려하면 고향납세 시장은 안정기에 접어든 것으로 평가할 수 있다. 한편 2020년 코로나19의 영향으로 고향납세는 다시 성장하고 있다.

2. 지방자치단체 패러다임의 전환 : 운영에서 경영으로

고향납세가 지방자치단체, 특히 지방의 자치단체들에는 기존의 지역 운영이라는 개념에서 지역 경영의 개념으로 의식이 전환하고 있다. 구체적으로 지방자치단체에 이노베이션과 마케팅이라는 두 가지 관점을 인식시킨 점이 최대 공헌이다. 경영전문서로 넓게 읽히는 피터 드러커의 『매니지먼트』 제2장에서는 기업과 지방자치단체의 차이는 목표와 성과라고 설명한다. 지방자치단체는 많은 예산을 획득해 여러 일을 하는 것이 목표인 반면에, 기업은 적은 예산으로 어떻게 하면 많은 성과를 만들지 효율성을 추구한다. 지방자치단체는 한번 큰일을 시작하면 그다음부터는 이를 유지하기 위한 예산을 확보하지 않으면 안 된다. 이처럼 지방자치단체의 활동에는 큰일이 없으면 마케팅도 없다. 기업 경영과는 완전히 다른 사고로 지방자치단체를 운영하고 있다.

그러나 이제 지방자치단체는 자금이 필요하면 국가로부터 예산을 지원받을 수 없어서 스스로 조달하거나 자금을 만들어내지 않으면 안 되는 상황에 놓였다. 이 때문에 자기 지역의 자산과 강점이 무엇인지를 파악하고 잘 포장해서 부가가치를 덧붙여 개선한 다음 마케팅을 통해 외부인의 구매 행위를 이끌어냄으로써 자금을 불러들일 필요가 있다. 최종적으로 지역의 물건과 서비스를 판매해 자금을 모으는 과정은 기업 경영과 동일하다.

2.1 마케팅 기술로 예산 확보가 가능한 제도

고향납세는 이러한 상황에서 등장했다. 일반 소비자에게 선택받는 지방자치단체가 될 수 있다면 충분히 기부금을 모금할 수 있다. 이는 지방자치단체가 스스로를 잘 마케팅할 필요가 있다는 의미다. 지역 특성, 기부금 사용처 그리고 답례품(특산품)의 매력을 홍보하는 것이 중요하다. 즉 지금 지방자치단체 운영은 커다란 변환점을 맞이하고 있고, 지방자치단체는 운영단체에서 경영단체로 변하고 있다.

행정 서비스는 공평하고 공정한 주민 서비스의 제공이 중요하다.

이 때문에 지방자치단체가 완전히 기업경영단체로 변화할 수는 없다. 그러나 경영적인 마인드를 갖춘 지방자치단체는 보다 많은 자금을 확보해 주민 서비스를 충실히 제공할 수 있기 때문에 경영적 관점이 중요하다고 할 수 있다. 고향납세의 공적 중 하나는 지방자치단체의 힘을 강화시킨 것이다. 그러나 다른 한편으로는 이러한 경영 마인드에 적응하지 못해 자금 모금에 힘들어하는 지방자치단체도 있는데, 이러한 지방자치단체에는 고향납세가 어려운 제도다.

2.2 지방자치단체 마케팅의 어려움

고향납세가 가져온 중요한 사실은 지방자치단체가 각각의 매력을 발산할 방법을 찾기 시작했다는 점이다. 그러나 1,700여 개 지방자치단체가 자체의 힘만으로 사람과 자금을 불러들이는 일은 쉽지 않다. 기업조차도 마케팅 전략은 매일 연속되는 노력의 결과물로 효과를 얻기 쉽지 않다. 이러한 점에서 아직까지 경험이 없는 지방자치단체가 이러한 시도를 할 경우 비효율적인 기부금 낭비로 끝날 가능성이 높다. 특히 지방자치단체는 다른 지방자치단체와의 차별화가 어렵다. 기업이라면 취급 상품 자체가 차별성을 갖추고 있다. 도요타는 자동차, 산토리는 음료와 식품으로 업체마다 취급 상품이 전문화돼 있다.

그러나 지방자치단체는 도시권과 지방이라는 구분 정도만 있을

뿐 기업처럼 뚜렷이 분류하기가 어렵다. 이러한 이유가 지방자치단체의 마케팅 전략을 더욱 어렵게 한다. 예상되는 방법으로는 가까운 지방자치단체와의 연계를 통해 '우리 권역 내'만이 아니라 좀 더 많은 지역에 광고하는 것이다. 한 지방자치단체만으로 완결시키는 것이 아니라 보다 효율적으로, 그리고 인근 지방자치단체와 연계해 비용과 편익을 공유하려는 발상이 필요하다.

2.3 지방자치단체가 경험하지 못한 미래투자

최근 지방자치단체의 예산은 매년 삭감돼 새로운 사업을 시작하지 못할 뿐만 아니라, 기존 사업을 중지하거나 폐지하는 등 운영도 비용 절감 위주로 이뤄지고 있다. 즉 지방자치단체는 현상을 유지하는 데만 급급한 상황이다. 어느 지방자치단체 직원의 말이 매우 인상적이다. 그는 고향납세 사용처를 검토하고 있는데, 공무원이 돼서 처음으로 적극적으로 일하고 있다고 말했다. 투자를 통해 수익을 올려서 미래를 만들어가는 기업이라면 지극히 자연스러운 과정이지만, 대부분의 지방자치단체에서는 처음 있는 일이기 때문이다. 기업 경영을 참고하면서 노력해나가야 한다.

2.4 지방자치단체의 고객은 누구인가?

기존의 지방자치단체 운영방식을 말한다면, ○○마을의 고객은 ○○
마을의 주민이었고, 지역주민은 주민세를 납부하고 그 대신 지역 서
비스를 받는 지극히 일상적인 패턴이었다. 그러나 지역 인구가 감소
하는 상황에서 지역 경제를 일으키기 위해서는 지역 외 사람과 자금
을 끌어들여야 한다. 다시 말하면 지역 외 사람들이 지방자치단체의
새로운 고객이 돼야 한다는 의미다. 지금까지 관공서는 지역주민의
행정 서비스를 위해 자원의 100%를 사용해야 한다고 인식됐고, 관공
서 직원들도 그렇게 생각해왔다. 이 때문에 지역 외 사람들을 새로운
고객으로 정의하고 그들의 행동을 바꾸는 일은 지방자치단체뿐만 아
니라 지역주민에게도 쉬운 일이 아니다(도표 2-4).

<도표 2-4> 지방자치단체 고객의 새로운 구도

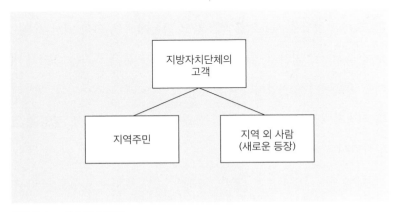

출처) 호다保田·야수이保#(2017).

그러나 새로운 고객을 확보한다면 고향납세를 통해 지역의 수입이 증가하고, 지역 특산품이 답례품으로 송부됨으로써 지역 광고 효과가 발생해 이로 인한 관계인구와 교류인구 증가를 기대할 수 있다. 추가적으로 지역주민에 대한 행정 서비스 향상도 기대할 수 있다. 이 경우 지방자치단체 운영의 발상을 전환(패러다임 전환)할 수 있을지 여부가 지방자치단체의 경쟁력 여부로 연결된다.

지역 외 주민을 새로운 고객으로 확보하려는 경우 그 범위 설정이 쉽지 않다. 예를 들면 어느 마을이 지역 내로 사람의 왕래를 늘리고 싶을 때 가장 쉽게 올 수 있는 사람은 인근 지방자치단체 주민이다. 일부러 먼 지역에서 관광지도 아닌 지방자치단체로 올 사람은 없다. 새로운 고객의 대부분은 인근 지방자치단체 주민이기 때문에 인근 지방자치단체 사이에 고객 쟁탈전이 벌어질 가능성이 있다. 기업경영은 고객 쟁탈이 일상적인 일이지만 지방자치단체는 시정촌(기초자치단체)이라는 경계선이 있기에 고객도 자연스럽게 그 경계선 안쪽에 머물러 있다. 그러므로 그 경계선을 초월해 새로운 고객을 확보하려고 한다면 지방자치단체 운영에 혼선이 발생한다. 이 문제에 대해서는 제5장에서 논의한다.

3. 고향납세의 제도적 과제 : 전체적 또는 부분적 최적해

국가 전체에서 고려할 때의 최적해(제약 조건을 충족시킬 수 있는 해 가운데 목적 함숫값을 최대 또는 최소로 만드는 값)와 지방자치단체 단위의 최적해가 달라지는 상황을 생각해볼 수 있다. 상세한 설명은 생략하지만 고향납세를 둘러싸고 오사카 이즈미사노시와 정부 간에 소송이 발생했다. 기존에는 답례품에 관한 명시적인 법 규제가 없었고 총무성이 총무대신의 통지 형태로 각 지방자치단체에 가이드라인을 제시했을 뿐이다. 이즈미사노시는 사실상 이 가이드라인을 무시하는 방식으로 다른 지방자치단체보다 매력적인 답례품을 제공해 많은 기부금을 모집했다. 2019년 정부는 이즈미사노시가 가이드라인을 지키지 않았다는 이유로 고향납세 지정에서 제외했고, 이에 대해 이즈미사노시는 정부를 상대로 소송을 제기했다.

여기서 관련 내용과 쌍방의 주장을 설명하지는 않겠지만, 지방자치단체는 스스로 생존하기 위해 정부나 다른 지방자치단체에 다소 민폐를 끼치더라도 1엔이라도 더 많은 기부금을 모집하려고 한다. 이러한 노력은 지역주민의 호응을 받게 되고, 시장과 직원으로서도 타당한 행동이다.

국가경제가 상승세라면 세수가 증가하며 모든 시정촌의 재원도 늘어난다. 그러나 지금처럼 하락세라면 사람·물건·자금을 둘러싸고

1,700여 개 시정촌이 쟁탈전을 벌이게 된다. 아마도 고향납세가 어느 정도는 영향을 미치는 것으로 보인다. 고향납세에서 세액공제를 받을 수 있는 액수는 각자가 지불하는 주민세의 20%로, 본 제도는 '전국의 주민세 중 20%를 각 지방자치단체가 경쟁을 통해 나눠 가지세요. 이를 위해서 열심히 자신의 지역을 광고하고 마케팅하세요'라는 메시지를 보내고 있다.

지금까지 지방자치단체는 국가에서 정해준 기준에 따라 일률적으로 행동해왔다. 그러나 지방자치단체가 직면한 인구 감소와 지방 쇠퇴 문제를 해결하기 위해서는 정부의 기준뿐 아니라 독자적인 최적해를 발견하지 않으면 안 된다. 이러한 상황은 지방자치단체 간에 격렬한 경쟁을 발생시킬 수 있어, 마치 기업 경영 현장에서 나타나는 것과 같은 상황이 지방자치단체 간에 벌어지고 있다. 한편으로는 기업처럼 다른 회사와의 제휴를 통해 사업체를 강화하는 현상도 볼 수 있다. 광역 연계를 통해 상호 간의 자원을 통합해서 광고와 지역산업의 강화를 이끌어내 더욱 큰 영향력을 발휘하고자 하는 노력이다.

4. 고향납세를 둘러싼 다양한 논의

이처럼 고향납세는 기부의 형태를 취하고 있지만 실질적으로는 개인이 납세처를 일부 이전할 수 있는 제도다. 그리고 기부자는 세금 공제와 함께 답례품도 받을 수 있기 때문에 실제로는 세금으로 인터넷쇼핑을 하고 있다는 의견도 있다. 물론 그것이 지방경제를 지원하는 효과도 있다. 매력적인 답례품이 기부처의 선택에 영향을 미치기 때문에 답례품 제공사업자가 부지런히 노력해 상품의 매력도를 상승시키는 것은 지역 경제력의 향상에도 기여하고 있다.

이 점에서 인기 답례품(예를 들면 쌀·생선류·육류)을 가지고 있는 지방자치단체가 유리할 수 있다. 그리고 제9장에서 다루겠지만, 최근에는 많은 지방자치단체가 사전에 고향납세 사용처를 특정 및 공개해 선택받는 공공 크라우드펀딩형 고향납세를 이용하고 있다. 답례품이 전부는 아니지만 소비자의 의사결정에 미치는 영향력은 매우 크다. 답례품이 적은 지방자치단체는 상당히 불리한 상황이라고 볼 수 있다.

한편 가장 곤란한 당사자는 기부자의 거주지 지방자치단체다. 왜냐하면 결과적으로 주민세 수입이 줄어드는 상황에 놓이기 때문이다. 세금 전문가들은 고향납세제도가 세금의 근간을 흔들고 있다는 비판까지 하고 있다. 특히 수익자부담 원칙에 비춰보면 고향납세는 납세하는 사람과 편익을 향유하는 사람이 동일해야 한다는 원칙에서 벗어나 있다. 어느 지역에 고향납세를 하는 사람이 증가하면 증가할수록 해당 지방자치단체 주민 서비스의 질과 양이 저하될 우려가 있다. 그 대신 고향납세를 받은 지방자치단체의 주민 서비스는 향상될지 모르지만, 결국에는 제로섬 게임을 조장할 뿐이라는 의견도 있다. 그리고 도시권과 지방의 세수 격차는 지방교부세 교부금으로 처리하면 되며, 무책임한 개인의 기부 행동으로 지역 간 수지 균형을 무너뜨리는 것은 타당하지 않다는 주장도 있다.

이 책에서는 고향납세에 관한 찬반양론의 구체적 내용은 생략하지만, 본 제도가 존재하는 상황에서 제도를 어떻게 활용해 지역 활성화와 연결시킬지에 대해 분석한다. 이하의 장에서는 다음 순서대로 살펴본다. 제3장과 제4장에서는 답례품을 통한 지역사업자 육성지원 효과와 그에 의한 지방 사업가정신 확장에 대한 시사점을 분석한다. 이러한 효과가 인정되면 본 제도의 존재 여부뿐만 아니라 지역 활성화를 위해 필요한 정책 아이디어도 얻을 수 있다. 또한 지역 활성화와 지역발전을 위해서는 관계인구와 교류인구의 증가가 중요하므로 제5장에서 고향납세 사례를 바탕으로 관계인구와 교류인구의 증가에 필요한 항목을 검토한다. 제6장에서는 고향납세제도가 지방자치단체와 지역금융기관의 연계를 통해 지역 활성화와 창업 지원에 어느 정도 영향을 미치는지를 분석한다. 또한 지역금융기관 설문조사를 바탕으로 지역 활성화를 위한 산·관·금(산업·행정·금융)의 연계 방안을 찾는다. 제11장에서는 향후 지역경영의 방향에 관해 검토한다. 이외에 고향납세제도에 대한 논의와 논점 정리는 호다保田·야수이保井(2017)에서 상세히 적고 있다.

03

지역사업자 육성지원 효과와
경영능력 향상 방안

―고향납세 답례품 제공사업자 사례

1. 기존 보조금 정책과 조성금에 의한 중소기업 정책

고향납세를 지역 활성화와 지역발전의 맥락에서 파악하면 기존의 각종 조성금이나 보조금과 어떻게 다른지 논의할 수 있다. 예를 들어 '지역발전 조성금'을 검색하면 각종 지방자치단체가 받을 수 있는 조성금이 많이 보이는데, 이러한 조성금과 보조금은 정부에 제출하는 제안서를 잘 작성하면 확보할 수 있다. 그러나 실제 어떻게 사용하고 있는지 또는 그 자금을 통해 지역이 얼마만큼 효과적으로 발전했는지에 대한 사후 검증이 없고, 일단 교부된 조성금이 삭감되거나 반환되는 사례도 거의 없다. 예산을 받으면 승자가 되는 세계라고 할 수 있다.

1.1 지역 중소기업 정책의 현황

기존 중소기업 지원정책은 보조금에 의존하는 경우가 많았고 전략적인 경영노하우에 대한 지원이 적어, 지역사업자의 사업 의욕과 상업적 능력을 충분히 발휘시키지 못하고 있다는 지적이 있다(에지마江島

2006, 구로하타黑畑 2012). 나토리名取(2017)도 지방자치단체가 시행한 중소기업 신규사업 지원정책의 대부분이 기술개발을 위한 보조금인데, 중소기업에는 부족한 시장정보와 품질관리에 대한 지식 습득이 더 중요하다고 말한다. 중소기업 지원의 실시 주체에 관해 구로세黑瀬(2006)는 중앙집권적이던 중소기업 지원정책을 지역 주체로 전환해 지방자치단체에 의한 현장주도형 중소기업 정책을 펴야 한다고 주장한다. 이에 이 장에서는 조성금 이외에는 지원책이 부족하고 지원 분야도 제조기업에 편중된 기존의 중소기업 정책을 살펴본 다음, 향후 지방자치단체 주도의 정책 추진이 필요함을 밝힌다.

1.2 지역 중소기업의 경영능력지표 개선

2016년 정부가 중소기업 등 경영 강화 법안을 통과시킨 배경에는 중소기업의 인재육성·비용관리 향상과 설비투자의 중요성에 대한 인식이 있었기 때문이다. 구체적인 경영능력지표로는 경제산업성이 2002년 실시한 '종합 경영력 지표' 조사 중 '신상품 개발' '경영 다각화나 사업 전환' '생산능력 향상'이 있으며, 구보타久保田(2010)는 고객만족(시장 수요의 파악, 목표 고객과 경합 제품 결정 능력 등)과 관리 능력(리더십, 신제품 개발 능력, 사업구조 구상력, 인재육성과 조직 활성화, IT 활용 능력 등)을 중요시한다. 경영 능력이란 제품 및 기술 개발 능력을 제외한 기업의 수익성과 성장성을 높이는 능력인데, 이를 개선할 수 있다면 지역 중소기업 정책으로서 효과적이라고 평가할 수 있다.

2. 고향납세의 구조적 특징 : 중소기업 지원 관점

2.1 세 가지 구조적 특징

지금까지 다양한 지역에서 중소기업과 벤처기업 지원정책을 도입해 실시해왔다. 고향납세는 지금까지의 정책과 다른 세 가지 구조적인 특징이 있다. 구체적으로 ①답례품은 소비자가 선택할 때 비로소 수익이 되는 구조이기 때문에 지역사업자는 시장 수요에 상응하는 사업 동기를 갖게 되며, ②답례품용 '시장'이 미리 준비돼 있어 이 시장에서 지역사업자 간에 적절한 경쟁이 있고, ③지역사업자와 지방자치단체 간의 이해가 일치해 양자가 용어 그대로 2인3각으로 사업 개선 및 상품 개선을 할 수 있다는 점이다.

이 세 가지는 모두 답례품과 관련이 있다. 지방자치단체의 답례품 제공은 정부가 고향납세제도를 만들었을 당시에는 예상하지 못했던 일이었다. 따라서 상기의 세 가지 구조적 특징은 의도하지 않은 우발적인 것이지만 지역사업자 육성과 관련해서는 시사점을 얻을 수 있는 중요한 결과다.

2.2 보조금 정책과 고향납세 답례품의 차이

첫 번째 특징을 보면, 답례품 구입비는 세금으로 특정기업의 물품을 구입하는 보조금과 동일하다고 볼 수 있다. 그러나 소비자가 원하는 상품을 만드는 기업에만 돈이 흘러간다는 점에서 통상의 보조금과는 다르다. 즉 기부자(소비자)가 실질적으로 상품을 심사하기 때문에 사업자는 시장의 요구에 맞는 상품을 개발하고 제공해야 할 유인이 생긴다. 기존의 보조금은 신청 서류 작성을 잘하면 받을 수 있었지만, 고향납세 답례품으로 선정되기 위해서는 우수한 상품력이 있어야 하며 전국적으로 비교 가능한 답례품과의 경쟁을 이겨내야 한다. 이처럼 자연스럽게 창의성과 경쟁력을 이끌어낼 수 있는 시스템을 갖추고 있다.

2.3 인재 육성 시장 : 창업 촉진

두 번째 특징을 보면, 다양한 지원정책을 통해 창업과 자금조달에 도움을 받은 중소기업과 벤처기업이 판매처를 확보하는 일은 각자 독자적으로 추진해야 한다. 그러나 고향납세 답례품 제공사업자는 시장과 잠재고객이 제공돼 있고 수주 업무, 고객 대응, 발송 업무, 광고와 홍보를 지방자치단체가 지원해주기 때문에 참여가 용이하다. 필자의 조사에서도 지역사업자가 고향납세 답례품 시장에 참여한 동기로 '시장이 생겼기 때문'이라고 대답하는 기업이 적지 않았다. 일단 시험삼아 만들어서 팔아본다는 접근방식이다.

삿포로 네무로시에서 편의점 세 개를 운영하는 주식회사 다이에도 그중 하나다. 이 회사는 제빵사가 오리지널 우유푸딩이라는 답례품용 신제품을 순차적으로 개발했다. 필자의 조사 인터뷰에서 다이에의 도오루 사장은 답례품 제공이 시작된 후 매일 신제품을 고안하고 개발할 수 있어서 즐겁다고 한다. 실제로 실패로 끝나는 경우도 많지만 답례품은 작은 수량으로 시험할 수 있기 때문에 테스트 시장으로서의 가치도 충분히 높다. 또한 유통기한 연장을 위한 기술개발 촉진효과도 있다. 이처럼 기존 시장이 존재함에도 불구하고 사업자의 의욕을 이끌어낼 수 있는 구조는 답례품만이 가능하다.

도오루 사장에 따르면 기존의 경제권이 네무로시로 한정돼 커다란 수요를 바랄 수 없었고, 기존의 다른 상품과 매출을 놓고 경쟁할 뿐 신상품을 개발할 생각까지는 이르지 못했다고 한다. 그는 "우유푸딩을 고안한 여성사원의 공적을 전사적으로 알려서 종업원 전체의 동기부여 향상에도 기여했다"고 말했다.

2.4 민관의 2인3각 협력 구조

세 번째 특징은 일반적인 중소기업 정책과는 달리 지역사업자가 매력적인 답례품을 제공하면 지방자치단체의 고향납세 기부금 수입이 바로 증가한다는 점이다. 또한 답례품을 통해 지역 밖의 소비자와 접점을 갖기 때문에 미디어에서도 다루기 쉽고 화제성도 높으며 지방자치단체의 지명도 향상과 지역 특산품 홍보에도 효과적이다. 따라서 지방자치단체 사업자에 대한 지원 의욕이 높아진다. 그리고 사업자도 전국의 많은 답례품 중 자신의 답례품이 선택받도록 하려면 모든 일에 단독으로 대응해서는 힘들고 지방자치단체에 다양한 지원을 의뢰하게 된다. 이처럼 답례품 시장은 지역의 산·관 제휴를 촉진시킨다.

중소기업 정책에서 지방자치단체의 지원과 신규고객의 개척은 향후 정책 지속가능성에 있어 과제로 인식됐지만(구로세黑瀨 2006, 혼다本多 2016, 이노우에井上 2016), 고향납세는 답례품을 통해 의도치 않게 이러한 과제를 해결하고 있다.

2.5 중소기업 정책에 대한 시사

이상과 같은 세 가지 구조적인 특징 때문에 답례품 시장은 지역사업자를 육성하는 역할을 한다. 일반적인 인터넷 통신판매 사이트와 비교하면 답례품 시장은 지역사업자에게 유리하고 경쟁 환경도 적절하다. 그 이유를 다음의 두 가지로 정리할 수 있다. 하나는 답례품은 지역 특산품이어야 하기 때문에 전국적인 브랜드 상품이 상대적으로 적고 지역사업자 간 경쟁 시장이 형성된다. 채소나 어패류 등 1차 산품의 경우는 대형 소매점 판매가 대부분이다. 대형 소매점에서 취급받기 위해서는 대량생산 체제를 정비할 필요가 있지만, 지역의 소규모 사업자에게 이는 곤란하고 결과적으로 도매상으로서의 역할만 할 뿐이다. 그러나 답례품 시장에서는 대형 소매점을 거치지 않고 직접 소비자에게 상품 판매가 가능하다.

다른 하나는 기부자의 답례품 선택 행태다. 주식회사 인테지리서치가 2019년에 실시한 설문조사에서 고향납세 기부처를 고르는 기준으로 '지역 특색이 있는 매력적인 답례품' '기부액과 비교해 높은 가치가 있는 답례품' '기부금의 사용 용도가 적절한 지역'이라고 대답한 사람이 각각 64.7%, 45.2%, 20%(복수 답변)로 나타나, 지역성뿐만 아니라 답례품 그 자체의 가치가 기부처 선택에 영향을 미치고 있음을 알 수 있다.

또한 고향납세에서 기부자의 실질적 경제 부담은 2,000엔인데, 부담금액을 초과하는 답례품을 받을 수 있기 때문에 기부자 입장에서는 답례품은 '받는 것' 또는 '파격적으로 할인한 상품을 구매한다'는 느낌을 받는다. 그러므로 기부자가 답례품에 갖는 기대와 요구의 정도는 일반적인 물건 구입에서 갖는 것보다는 낮다. 만약 답례품을 제공하는 사업자가 이러한 상황을 단순히 받아들이기만 하고 답례품의 품질이나 내용을 정할 때 창의적인 연구를 게을리하면 고향납세에 의한 사업자 육성 성과는 기대할 수 없게 되고, 답례품 경제 영역은 기존의 보조금이나 조성금과 동일하게 단순히 '관제 수요'로 전락할 수 있다.

그러나 고향납세가 답례품 제공을 통해 지역사업자의 사업 능력과 상업적 전술을 향상시키는 수련장과 같은 역할을 수행하면 '답례품 시장'은 지역사업자 육성이라는 성과를 이루게 된다. 여기서 검토해야 할 점은 지역사업자의 사업 능력을 어느 정도로 향상시킬 수 있는가 하는 것이지만, 이는 다음 장에서 살펴보기로 하고 본 장에서는 전국적으로 사업자의 창의적인 연구와 기업의 노력 사례를 짚어본다. 또 답례품 시장을 이용한 사업 창출 및 육성을 통한 지역발전 가능성과 이로부터 얻을 수 있는 지역발전 혁신정책에 대한 논의의 단서를 얻고자 한다.

3. 답례품 제공으로 사업자 경영력 향상 사례

고향납세 답례품 제공과 관련한 사업자의 사업 능력 향상은 크게 세

가지 유형으로 나뉜다. 첫 번째는 상품 디자인과 패키지 등 외장과 판매최소단위(SKU)를 변경해 상품이 보이는 방식을 바꾸는 것이다. 두 번째는 유행이나 업종을 변경하는 방식으로, 예를 들면 지금까지 도매업을 주된 업종으로 하던 기업이 소비자에게 직접 판매하거나 인터넷 통신판매를 시작하는 경우다. 세 번째는 신상품 개발, 신규사업 진출 그리고 창업 방식이다. 실제 사업 능력을 향상시키고 있는 사업자는 이들 세 가지 중 어느 하나가 아니면 모두를 조합해 사업을 진행하고 있다. 이하에서는 이들 세 가지 유형에 근거해 사업자의 사업 능력 향상 사례에 관해 살펴본다.

3.1 상품 포장 개선 사례

지역사업자의 기존 판매처는 대부분 동일한 지역 내에 있지만, 지역 내 시장에서 판매처를 구할 수 없을 때는 안목이 높은 소비자가 많은 통신판매 시장에서 판매처를 구하는 경우가 일반적이었다. 답례품도 마찬가지로 고향납세 포털사이트에서 선택되는 사례가 많기 때문에 일반 인터넷 구매와 동일하게 상품 사진이나 광고 문구가 중요하다. 고향납세 포털사이트 간의 경쟁도 존재하므로 포털 측에서도 지방자치단체에 답례품 사진이나 광고 문구에 대해 자문하고 있다. 그리고 특정 사진가와 사업 제휴를 맺고 지역 내 답례품 제공사업자의 상품

촬영을 전담시켜 사진의 품질을 높이는 곳도 있다.

2014년 고향납세 조달금액 1위를 차지한 나가사키현 히라도시는 고향납세제도를 통한 현지 기업의 사업 능력 강화를 염두에 둔 정책을 실시했다. 고향납세를 효과적으로 활용함으로써, 향후 지역사업자가 고향납세제도에 의존하지 않고 통신판매 등 일반적인 방식으로 자립할 수 있는 준비를 하도록 했다. 답례품 디자인을 고급화하고 신선도 관리 방법을 향상시키며 상품설명서 작성과 수도권의 요구에 맞춘 소규모 상품 제공 등을 철저하게 관리하고 있다. 이처럼 외관이 개선된 답례품을 관광객이 자주 찾는 지역 시장에서 판매해 전체 매출 향상에도 기여하고 있다.

<사진 3-1>은 히라도시에서 인기 있는 날치육수와 부채새우 상품을 설명한 것이다. 날치육수는 현지에서 자주 먹는 음식으로 일반포장으로 판매하던 것을 안목 높은 소비자도 선택할 수 있도록 선물용 패키지로 포장 방식을 바꿨다. 부채새우는 원래 전국적인 지명도가 낮은 상품이었으나, 와새우처럼 식감이 좋은 상품임을 적극 내세워 세련된 상품 사진으로 마케팅해 현재 인기를 얻고 있다.

이러한 노하우를 바탕으로 지방자치단체, 사업자 및 상공회의소가 협력해 실적을 높여가고 있으며, 지역 내 다른 사업자에게도 노하우를 공유하면서 지역 경제력을 제고하고 있다.

<사진 3-1> 히라도시 답례품인 날치육수 포장(왼쪽)과 부채새우 샤부샤부(오른쪽)

　또한 지역 브랜딩에 대한 인식을 높이는 방법도 있다. 예를 들면 히라도시는 모든 사업자의 답례품을 동일한 디자인으로 통일된 포장지에 담아 보내는 방식으로 지역 브랜딩 구축을 위해 노력하고 있다. 다른 지방자치단체에서도 배송용 포장지 디자인에 집중하는 방식이 증가하는 추세다.

　히라도시는 상품의 포장 방식을 고민했다. 통신판매 경험이 없는 사업자가 상품을 발송하면 포장지 안의 상품이 파손된 채 고객에게 도착할 수도 있다. 특히 통신판매 노하우가 부족한 지방 중소기업이 보내는 경우에는 위험성이 높고 실제로 이의를 제기하는 경우도 적지 않다. 그래서 히라도시를 포함해 인기 있는 답례품을 배송하는 지방자치단체는 지역사업자 또는 중간회사에 포장을 일임하는 경우가 많다. 사업자가 상품 창고에 상품을 보내면 나머지는 중간회사가 포장·배송한다. 각 사업자는 상품 개선을 위해 전념하고 만들어진 상품을 지역 내 한곳에 모아서 포장·배송하는 전략이다.

이 밖에도 요일이나 시간을 지정해 답례품을 받을 수 있게 하는 등 철저하게 기부자의 관점에서 다양한 연구를 실시했다. 그리고 주문을 받을 때부터 기부자의 수요를 분석하고, 이를 바탕으로 생산자와 함께 상품 개발에 나섬으로써 새로운 히트 상품을 내놓는 혁신이 일어났다. 고향납세제도가 언제까지 계속될지 모르지만, 고향납세를 통해 모은 자금으로 되도록 이른 시간 안에 지역산업을 강화해야 한다. 이러한 위기감이 히라도시를 움직이는 원동력이 됐다. 일단 이러한 시스템이 지역에 구축되면 전국적인 통신판매 시장에도 진출할 수 있다.

3.2 시장과 업종의 변화

일본에서 소비자 대상 사업(B2C)의 가장 큰 시장은 도쿄를 중심으로 한 수도권 시장이다. 그러나 지방의 사업자는 도시지역 소비자에게 직접 판매하는 데 어려움이 많다. 따라서 많은 사업자는 직접 판매보다는 낮은 이익률을 감수하고 도매나 주문자상표부착생산(OEM)을 선택한다.

한편 고향납세는 소비자가 직접 답례품을 선택하고 사업자가 답례품을 직접 소비자에게 전달한다. 고향납세가 지금까지는 지역사업자에게 높은 장벽이었던 소비자와의 접점 기회를 제공하고 있다. 이를 통해 사업모델을 도매나 OEM에 의존하는 방식에서 벗어나, 기업 간 거래(B2B)에서 소비자 거래(B2C)로 변화시키는 기업도 등장하고 있다. 예를 들면, 이와테현 기타카미시의 의류 제조업체인 UTO는 캐시미어 관련 의류 상품을 제조·판매하고 있다. 상품은 백화점에서도 판매될 만큼 품질이 우수하지만, OEM 생산이 중심이기 때문에 이익률은 높지 않았다. 그러나 기타카미시의 답례품으로 채용되면서 소비자 인지도가 높아져 이제는 사업 형태를 B2C로 전환하고 있다.

답례품으로 제공하는 UTO 상품은 모두 수작업이므로, 자연스럽게 상품 완성까지 모든 과정에서 소비자와 소통할 기회가 마련된다. 또한 패션 감각이 좋은 사람이 모이는 도쿄의 오모테산도에 사무실 겸 샘플 전시상점을 만들었다. 비록 규모는 작지만 답례품을 통해 UTO 상품을 좋아하게 된 사람이 실제로 상점에 들러서 상품을 직접 손으로 만져볼 수 있게 한 점은 캐시미어처럼 촉감이나 외관이 중요한 상품에서는 특히 요긴하다. 실제로 적은 숫자지만 방문객의 '충동구매'도 있다고 한다. UTO 사례는 고향납세 답례품 시장을 계기로 기업의 사업 형태가 B2B에서 B2C로, 또는 온·오프 연계 거래(O2O)로 전환할 수 있는 가능성을 보여준다.

그 밖에도 고급 식자재로 인기 있는 하모를 취급하는 해산물 도매사업자인 마루하지수산은 하모를 B2C용으로 상품화해 가고시마현 시부시시에 답례품으로 제공했다. 도매업 형태일 때는 하모를 시장에서 구매해 아무 가공 없이 사업자에게 판매했다. 이 작업은 노력이 적게 들지만 그만큼 이익도 남지 않는다. 한편 B2C 상품으로 만들기 위해서는 가공이 필요하다. 그래서 회사는 하모를 가공하는 기계를 구입해 가정에서도 하모 요리를 즐길 수 있도록 동그랑땡·프라이·데침 등 제품을 여러 가지 형태로 만들었고 답례품 시장에서 인기를 끌었다.

답례품용으로 가공한 하모 상품의 사진(사진 3-2)에서도 알 수 있듯이, 답례품 형태로는 괜찮으나 일반 통신판매나 인터넷 쇼핑에서도 인기 상품이 되려면 단계적 개선이 필요하다. 착실한 시작 단계에 이어, 무엇보다도 가공용 기계를 구입함으로써 지역 기업의 설비투자가 촉진됐다. 또한 가공용 기계 구입비의 일부를 다른 조성금에서 지원받고, 지방자치단체가 그 밖에 활용 가능한 조성금을 사업자에게 안내함으로써 이러한 작업은 현실화됐다. 지방자치단체와 사업자가 긴밀하게 협력함으로써 지역사업자의 사업 개선과 혁신을 도모한 사례다.

3.3 신상품 개발, 신규사업 진출, 창업 사례
고향납세에 관한 많은 지방자치단체의 고민은 기부자에게 제공할 수

<사진 3-2> 가공 전 하모(왼쪽 위), 하모 가공기계(오른쪽 위), 답례품용 가공 하모 상품(아래)

있는 매력적인 답례품이 현지에 존재하지 않는다는 사실이다. 인구 수천 명의 지방자치단체는 주요 산업이 존재하지 않거나, 산업이 존재해도 지역 내 수요를 만족시키는 정도의 공급량이기 때문에 외부에 제품을 제공할 여력이 없다. 그래서 많은 지방자치단체의 고향납세와 관련된 첫 번째 과제는 답례품의 발굴이다. 답례품이 없는 경우

에는 만들어낼 수밖에 없다.

한편 지방사업자로서는 답례품 시장이 매출을 늘리고 신규상품 개발을 시도해볼 수 있는 절호의 기회다. 상품 포장과 발송 업무도 지방자치단체가 도와주기 때문에 일반적인 통신판매와 비교하면 사업자 측 부담이 적은 편이다. 매력적인 답례품을 요구하는 지방자치단체와 신규상품을 개발하고 싶어 하는 사업자 쌍방의 요구가 맞아떨어져 답례품용 신상품 개발, 신규사업 진출 또는 창업의 성공 사례가 전국에서 순차적으로 등장하고 있다.

가고시마현 오사키마치의 레스토랑에서는 답례품용으로 고급 카탈라나(푸딩)를 개발해 답례품 시장에서 인기 상품이 됐다. 원래 지역에서는 고급 상품에 대한 수요가 없다고 생각해서 판매하지 않았지만, 인기 상품이 된 후 지역에서도 먹고 싶다는 요구가 생겨 철도역 등에서 대면 판매를 시작했다. 음식점은 좌석 수가 한정돼 매출액에 한계가 있다. 그러나 철도역처럼 외부판매 시장 또는 고향납세 답례품 시장의 상품 제공은 음식업 사업자에게 새로운 판로를 만들어줘 수익 향상에 크게 공헌할 수 있다.

히라도시의 스위트카페인 '심우(心優)'의 시도를 소개한다. 이 가게는 히라도시 중심가에서 차량으로 20분 정도 떨어진 곳에 있다. 안내 간판은 벗겨져 있고 인적도 드문 곳이다(사진 3-3). 빈집을 무료로 빌려서 개업한 카페는 주 3일, 그것도 하루에 4시간만 영업한다. 주요 상품과 판매 방식은 냉동과자의 통신판매다. 사장은 한창 아이를 키우고 있는 주부고 종업원도 지역에서 시간제 아르바이트로 일하는 주부다. 왜 이렇게 불편한 장소에서 개업했느냐고 묻자 집이 바로 옆에 있기 때문이라고 했다. 육아와 사업을 양립하기 위한 불가피한 선택이었다.

게다가 사장은 제빵사도 아니다. 레시피와 상품 디자인은 인터넷 검색으로 독학했다. 가게는 고향납세 답례품으로 제공해서 인기가 있었던 상품을 통신판매 시장에 판매하는 방식으로, 답례품 시장을 테스트 시장으로 활용하고 있다. 답례품은 일반적인 통신판매와 달리 재고가 남지 않는다. 주문이 들어온 후에 제조해서 배송하기 때문에 신상품을 개발할 때 으레 따르는 불량 재고를 떠안을 위험도 없다. 답례품 시장은 신상품을 테스트하기에 매우 적합하다. 카페는 그 후 '라쿠텐楽天 시장'에 진출해 인기 상점이 됐다. 고향납세를 계기로 통신판매에서 커다란 도약을 한 사례다. 이는 상권 혁명이기도 하다. 상점을 도쿄 오모테산도나 긴자에 두지 않고도 전국적으로 판매하는 스위트점이 된 사례다.

또한 이 카페는 식자재에 대한 원칙을 갖고 있다. 즉 현지 자재에 한정하지 않고 전국에서 좋은 자재를 발굴해 사용한다. 일반적으로 지방에서는 쉽게 구할 수 있는 지역 고유의 식자재를 사용한다. 지역 경제를 위해서는 좋은 일이지만, 소비자는 맛있고 품질 좋은 상품을

<사진 3-3> 스위트카페 위치(왼쪽 위), 카페 외관(오른쪽 위), 카페 상품(아래)

원한다. 지역에서 식자재를 조달하겠다는 고집 때문에 품질이나 비용에서 좋지 않은 결과를 가져오는 사례도 많다는 점에 유의해야 한다.

답례품 시장이 일반적인 통신판매 시장보다 진입장벽이 낮다고 하지만 평범한 가정주부가 카페를 창업하고 통신판매 시장까지 진출해 성공한 사례는 상상하기 어렵다. 실제로 사장은 히라도시가 제공하는 창업학원(상공회의소가 운영)에 다니면서 충분한 지식을 쌓고 전문가에게 많은 질문을 하면서 사업을 운영하고 있다. 창업학원은 지방자치단체가 고향납세로 모금한 기부금을 운영자금으로 활용하고 있다.

3.4 장애인 고용에 미치는 영향

마지막으로 약간 취지가 다르지만 답례품이 장애인 고용을 지원하는 사례를 소개한다. 본 장 제2절에서 소개한 네무로시의 우유푸딩에 사용한 달걀은 장애인 지원시설인 '네무로 스즈란학원'에서 기른 닭이 낳은 것이다. 또한 시마네현 하마다시는 사회복지법인 이와미복지회가 운영하는 '양과자 공방 토르티노'의 과자류를 답례품으로 제공하는데, 이 과자 역시 장애인이 생산한다. 답례품 시장에 상품을 제공해 매출이 증가하면, 공방에서 고용할 수 있는 장애인 수를 늘릴 수 있고 임금도 올릴 수 있다. 이러한 과정을 통해 장애인이 경제적으로 자립할 수 있게 되면 지방자치단체의 경비 부담도 줄어들게 된다.

이와미복지회는 손만두도 만들어서 답례품 시장에 제공하고 있다. 이왕이면 장애인 지원과 관련되는 과자나 만두를 먹길 원하는 소비자도 있다. 지속가능한 발전과도 맥락이 닿는다. 일반 슈퍼마켓이나 인터넷 통신판매 시장에서는 이런 상품을 만날 기회가 거의 없다. 답례품 시장의 탄생으로 장애인 지원시설에서 만들어진 상품이 전국적으로 퍼져나갈 수 있는 길이 열린 것이다. 지역에 대한 지원과 사회 문제 등 두 가지 과제를 모두 해결하면서, 추가적으로 지속가능한 발전의 실현에도 기여하는 사례다.

4. 민관 연계가 지역창업의 성공 열쇠

4.1 중소기업에 대한 실질적인 지원 필요

고향납세 포털사이트 운영기업과 인터넷 통신판매 포털사이트를 운영하는 대기업에 대한 조사에 따르면, 답례품을 제공하는 사업자의 상당수는 인터넷 통신판매 사이트에서 매출 경험이 거의 없었다. 인터넷 쇼핑이 일본에 정착한 지 얼마 되지 않은 데다 지방 중소기업이 인터넷 쇼핑에 독자적으로 진출하기에는 노하우나 자원 모두가 아직 부족하다.

한편 지방자치단체는 답례품 시장에 수주, 선전·광고 및 기타 부대 업무를 지원한다. 이러한 점이 사업자의 진입과 출품 장벽을 크게 낮춘다. 정부도, 지방자치단체도 다양한 창업 및 창업 지원 메뉴를 준비하고 있고, 제도적 측면에서도 충실하게 창업 지원 제도를 마련하고 있다. 다만 대부분은 융자 제도, 등기 지원, 경영 자문 등 제도적 측면의 지원이기 때문에 실제 사업 운영과 경영은 사업자가 혼자 힘으로 해나가고 있다. 답례품 사례에서 보면, 실제 사업 운영과 경영 측면의 지원이 있다면 기업이 새로운 도전에 나설 가능성이 넓어진다. 향후 일본에서 창업 및 창업 지원 정책을 마련하는 데 있어 시사하는 바가 크다.

실제 히라도시는 창업 지원 사업을 적극적으로 실시해 2017년 7월 말까지 총 70명 이상이 개별 창업 상담회에 참여했고, 13개 회사가 창업했다. 이 중에는 고향으로 U턴해 창업을 한 청년도 포함돼 있으며, 모두 지역산업의 강화로 이어지고 있다.

4.2 6차 산업화의 전망

지역발전 현장에서 자주 등장하는 '산업의 6차화'에 대해 생각해보자. 나가사키현 히라도시의 부채새우 샤부샤부나 가고시마현 시부시시의 풍부한 소비자 사업(B2C) 상품도 모두 1차 산업자였던 어부와 도매업자가 독자적으로 가공업에 진출해 최종적으로 6차 산업화한 사례다. 이러한 사례를 통해 답례품은 지역의 6차 산업화에 기여한다고 생각해도 좋은 것일까?

군마현 나카노조쵸의 사과농원 이야기를 들어보면, 날씨에 좌우되기 쉬운 사과농가는 사과를 가공품으로 제조해 판매하면 수익이 안정되고 연중 상품화할 수 있기 때문에 가능하면 6차 산업화를 원한다고 한다. 그러나 이를 위해서는 대형 냉동고·냉장고, 업무용 오븐 등이 필요하다. 개별 사과농원의 규모가 크지 않아 한 농원에서 감당하기에는 너무 큰 투자다. 이를 극복하기 위해서는 행정적인 지원이 필요하다. 예를 들면 지방자치단체가 고향납세로 조달한 자금을 이러한 6차 산업화 지원에 사용하는 방안이다.

한편 히라도시처럼 수산업이 발달한 홋카이도 네무로시에 대한 조사에 따르면, 네무로시는 원래 수산업의 규모가 커 지역 내 1~3차 산업의 분업화가 이미 확립돼 답례품을 계기로 특정 회사가 섣불리 6차 산업화에 나서기보다는 지역 내에 존재하는 1~3차 공급망을 활용하는 편이 효율적인 상황이라고 한다.

고향납세 답례품 시장은 비교적 규모가 작은 6차 산업화의 지원에는 기여할 수 있다. 하지만 규모가 큰 경우에는 다른 방법을 강구해야 하고, 6차 산업화를 실시하기보다는 분업을 추진하는 편이 효율적인 경우도 있는 등 다양한 방안을 모색할 필요가 있다. 따라서 일률적으로 고향납세 답례품 시장 준비가 6차 산업화의 밑거름이 된다고 단언할 수 없으며, '새로운 상품을 제공하고 싶은데 이를 위해서는 어떻게 하는 것이 좋은가'라는 창의적이고도 혁신적인 발상으로 사업을 추진해야 효과가 있다. 농업·수산업의 생산성 향상은 일본이 안고 있는 과제이기 때문에, 이러한 발상이 과제에 다가가는 좋은 계기가 될 것이다.

4.3 선시장 수요가 지역창업을 촉진하는 효과

지금까지 다양한 사례를 살펴봤지만, 이들 모두는 답례품 시장의 등
장으로 일어난 현상이다. 마찬가지로 크라우드펀딩 시장에서도 테스
트 시장이 준비되면 도전하려는 사업자가 등장한다. 지방에서 사업을
추진하기 어려운 이유 중 하나는 인구 감소로 상권이 축소되고 있기
때문이다. 상권을 넓히려면 전자상거래(EC)나 통신판매 시장으로 진
출하는 것이 효과적이지만, 노하우와 자원이 부족한 중소기업에는 장
벽이 높다.

   그 전 단계로 도약 시장을 준비해 사업자를 육성하고 노하우를 충
분히 축적시킨 단계에서 전자상거래나 통신판매에 진출한다면 지역
사업자 지원 정책으로서 효과적인 역할을 할 수 있다.

   고향납세는 정부 인터넷 쇼핑이며 세금 낭비라는 지적도 있지만,
만약 도약 시장에서 먼저 수요를 창출해 지역사업자를 육성하는 효
과가 있다면 지역에서의 창업 및 창업지원을 위한 좋은 정책이 될 수
있음을 시사한다.

5. 지역사업자 육성지원 과제

본 장에서 사업자의 사업 능력과 지역 경제력 향상 사례를 살펴봤는데, 아직은 이러한 사례가 많지 않다. 의욕적이고 수준 높은 사업자와 지방자치단체는 이러한 움직임을 보이지만, 단순히 고향납세 특수에 들끓는 지역과 기업도 있다. 그런 의미에서 이 제도가 존재할 동안 전국적으로 사업자와 지역의 수준을 높여야 할 것이다. 그러나 사업 능력과 경영 능력의 향상을 기업에만 맡겨서는 좀처럼 성과를 올릴 수 없다.

여기서 소개한 모범 사례를 적극적으로 다른 기업이나 지방자치단체와 공유하고 보다 효율적으로 추진해야 한다. 라쿠텐과 같은 인터넷 통신판매 쇼핑몰은 출점 기업을 위해 노하우나 기법을 전수하는 강좌를 정기적으로 개최하고 있다. 고향납세도 이러한 시스템이 필요하다. 지방자치단체가 지역사업자를 대상으로 연구모임을 개최하거나, 답례품을 제공하는 사업자끼리 의견 교환이나 노하우를 공유할 수 있도록 협의회나 연계모임 개설이 필요하다. 실제로 협의회나 연계모임은 몇몇 지역에서 등장하고 있고, 다음 장에서 살펴보는 것처럼 지역금융기관이 컨설팅 기능을 담당하고 있다. 최종적으로는 이와 같은 연구모임이나 노하우 공유를 전국적으로 확산시켜나가야 한다.

이를 위해 각 이해관계자가 지역사업자의 사업 능력과 경영 능력 향상, 그리고 각 지방자치단체의 경제력 향상을 위한 '단련장'이 필요하다는 인식을 갖고 산·관·금에 의한 전국적인 연계를 추진해야 한다. 답례품 시장을 단순한 지방기업의 특수로 끝내버리면 기존의 선심성 지역발전 정책과 다를 바가 없다. 논의의 중심을 사업자 육성과 지역 경제력 향상에 둬야 한다.

04

지역 기업가정신 향상

—고향납세 답례품 제공사업자
데이터 분석과 설문조사

1. 고향납세 답례품 제공사업자의 실태 파악 필요성

제3장에서 고향납세 답례품을 통한 지역 중소기업(답례품 사업자)의 사업 의욕과 방법을 개선시킨 사례를 몇 가지 소개했다. 만일 동일한 사례가 전국의 다른 지역에서도 확인된다면, 일본에 필요한 지역 기업가정신 향상을 위한 생태계 시스템에 대한 정책적 시사점을 확보할 수 있다. 본 장에서는 지역사업자 육성에 필요한 요소에 대한 아이디어를 얻고자 고향납세를 계기로 지역 기업가정신이 움트는 상황에 대해 답례품 제공사업자에게 설문조사한 결과를 소개한다.

고향납세 기부 대상인 1,741개 지방자치단체 중 인구가 1만 명 미만인 곳은 519개, 3만 명 미만인 곳은 962개다(총무성 2020년 1월 1일 주민기본대장 시정촌별 인구에 근거). 일반적으로 비즈니스는 대도시에 거점을 둔 기업이 수도권에 거주하는 고객과 가깝기 때문에 유리하지만, 반대로 고향납세는 도시에 있는 주민이 지방에 기부하기 때문에 지방기업에 유리하다. 실제로 2018년 고향납세에 의한 자금조달 상위 20개 지방자치단체 중 13개가, 2019년에는 9개가 인구 3만 명 미만이므로 지방자치단체의 규모가 중요하지는 않다고 볼 수 있다.

한편 지방자치단체 중에는 현지에 유명 특산품이 있는 곳과 그렇지 않은 곳이 있기 때문에 지역 간 격차가 커질 수 있다는 주장도 있다. 그러나 지방자치단체 규모는 작아도 지역 내에 전국적으로 유력한 사업자가 있다면 유리한 구도가 될 수 있다. 하지만 비교적 규모가 큰 사업자가 여유자금으로 답례품을 납품하는 경우는 지역사업자의 창의적인 연구나 육성 효과를 기대하기 어렵다. 앞 장에서 살펴본 것처럼 중소규모 사업자가 답례품을 계기로 새로운 사업을 시도하는 경우는 이러한 효과를 생각할 수 있다.

본 장에서는 답례품 시장이 지역사업자에게 어떠한 영향을 미치는지를 파악하기 위해 고향납세 답례품 제공사업자의 특성과 답례품을 통한 매출상황을 보면서 답례품 시장 전체를 살펴보고자 한다.

2. 답례품 제공사업자의 특성 및 경영 능력 향상 설문조사법

2016년 고향납세 조달금액 상위 20개 지방자치단체 가운데 지진으로 인한 재난지원이라는 특수한 사정이 있었던 구마모토시를 제외한 19개 지방자치단체에 설문조사 협조를 요청했고, 이 중 15개 지방자치단체(이하 '상위지역')로부터 응답을 받았다. 상위지역 이외에 임의로 추출한 10개 지방자치단체(이하 '임의지역')에도 설문조사 협조를 요청해 두 지역의 답변을 비교했다. 설문조사법은 저자가 각 지방자치단체에 설문조사표 1식을 발송하면(2017년 12월 6일), 각 지방자치단체가 지역 내 답례품 제공사업자에게 설문지를 전송한 후, 각 사업자가 2018년 1월 말까지 저자에게 직접 설문지를 전송하는 방식이었다. 1,073개사(25개 지방자치단체 합계)에 설문지를 송부했고, 그중 상위지역 163개사와 임의지역 147개사를 합한 총 310개사의 설문지를 회수했다(회수율 28.9%). 구체적인 질문 항목은 매출과 종업원 수 등 사업자 상황과 특성, 답례품 제공 상황, 고향납세로 인한 사업 변화와 경영력 지표 변화, 지방자치단체와의 연계 상황 등으로 구성됐으며, 분석방법은 단순집계법과 상호집계법을 사용했다. 그리고 답례품 시장 영향이나 변화가 상위지역과 임의지역에 미친 영향을 비교·검증했다.

상위지역과 그 외 지역을 비교·검증하기 위해서는 상위지역 지방자치단체와 특성이 비슷한 지방자치단체를 상위지역 이외로부터 추출한 후, 이를 묶은 임의지역을 매칭해 분석하는 것이 바람직하다. 그러나 이런 종류의 설문조사는 상대방의 협력을 얻는 것이 쉽지 않아 이번에는 상위지역 이외의 지방자치단체 중 협력해준 지방자치단체 군을 임의지역으로 취급한다. 이 경우 상위지역과 임의지역의 비교·

검증은 참고자료로 취급한다. 다만, 고향납세 조달금액 전체에서 차지하는 상위 20개 지방자치단체의 비율이 약 4분의 1로 크며, 상위지역만의 특수성도 있기 때문에 엄격한 의미에서 매칭은 어렵지만 상위지역 이외의 다른 지역과 비교·검증이 중요하므로 이 방법을 실시했다.

3. 답례품 제공사업자의 특성

3.1 답례품 제공사업자의 규모

먼저 답례품 제공사업자의 규모 측면을 확인한다. <도표 4-1>을 보면, 고향납세 답례품 제공사업자가 중간값 기준으로 연매출이 상위지역에선 1억 엔, 임의지역에선 5,800만 엔, 종업원 수는 6~8명, 인터넷 판매 비율은 10% 미만인 전형적인 지방 소규모 사업자가 주류를 이룬다. 매출 분포(도표 4-2)에서도 연매출이 3,000만 엔 이하 기업이 상위지역에선 30% 미만이고 임의지역에선 40% 미만이다. 매출이 5억 엔을 초과하는 사업자는 두 지역 모두 약 20% 존재한다. 상위지역과 임의지역 사업자 규모와 관련해 유의할 만한 차이는 보이지 않았고, 동일한 비율로 규모가 큰 사업자가 존재하기에 사업자 규모가 지

<도표 4-1> 답례품 제공사업자의 기본 속성

	평균값		중간값		표준편차	
	상위지역	임의지역	상위지역	임의지역	상위지역	임의지역
매상액(백만 엔)	503.3	832.8	100	58	1,136	3,147
지역 외 비율(%)	44.5	39.8	50	30	34.5	33.9
인터넷 비율(%)	14.8	12	9	5*	22.3	21.3
법인 비율(%)	44.4	49.1	40	50	36.3	38.8
종업원 수(명)	18.5	27.3	8	6.5	25.2	64.6
여성 비율(%)	50.6	46.4	50	50	27	31.2

주) '*'은 상위지역과 임의지역에서 5% 유의수준이 존재함. 관측값은 상위지역 163개, 임의지역 147개임. 또한 지역 외 비율은 지역 외에서 점하는 비율, 인터넷 비율은 인터넷 매상이 차지하는 비율, 법인 비율은 법인 간 매상(B2B)이 점하는 비율을 말함.

<도표 4-2> 답례품 제공사업자의 매출 분포

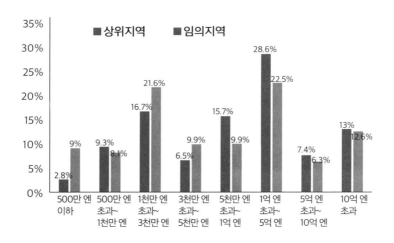

<도표 4-3> 답례품 제공사업자의 종업원 수

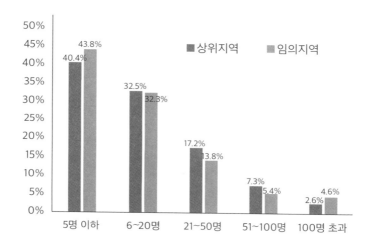

방자치단체를 상위로 끌어올리지는 않는다고 판단할 수 있다.

　종업원 수 분포를 확인하면, 두 지역에서 모두 5인 이하의 소규모 사업자가 약 40%를 차지하고 있다(도표 4-3). 이들은 주로 가족경영 회사로 보인다. 매출액 규모와 합해 생각하면 고향납세 답례품 시장에 지방 영세기업이 많이 참여하고 있음을 알 수 있다. 소규모 사업자는 답례품 시장에 새롭게 진출하려고 해도 여력이 없기 때문에 이들이 경쟁력을 갖추기 위해서는 지방자치단체와 지역상사의 지원 아래 수주·발주 등의 업무를 지역 내 다른 사업자와 공동으로 수행할 필요가 있다. 바꿔 말하면 지원을 받는 지방자치단체 사업자는 답례품 시장에서 경쟁력을 갖출 가능성이 높다. 한편 종업원 수가 50명 이상인 기업이 답례품 시장에 참여한 비율은 10% 정도에 불과했다. 총무성이 지역 특산품이 답례품으로 바람직하다고 봤기 때문에 전국적인 브랜드를 제조·판매할 수 있는 비교적 규모가 큰 기업은 자발적으로 고향납세 답례품 제조에서 빠진 것으로 보인다.

또한 답례품 제공사업자의 업종은 식료품과 소매업이 40% 정도를 차지하고 편차가 비교적 작으며 특정 업종에 의존하지 않고 있다 (도표 4-4).

<도표 4-4> 답례품 제공사업자의 업종

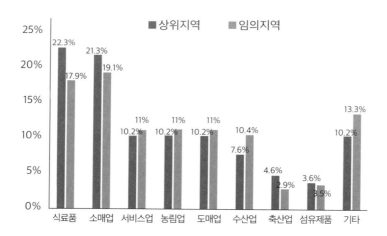

주) 복수답변이 가능하므로 여러 업종에 해당하는 기업도 존재함.

3.2 답례품 제공사업자의 매출 현황

매출액 중 지역 외 매출 비율이 상위지역은 50%, 임의지역은 30%로, 분포 면에서는 지역 외 매출 비율이 낮은 기업군과 높은 기업군에 상위지역과 임의지역 표본 모두가 나뉘어 있다(도표 4-5). 지역 외 판매에 자신 있는 기업은 매출이 계속해서 늘고 있으며, 지역 외 비율이 낮은 기업은 답례품 시장을 통해 지역 외로 진출하고 있다고 볼 수 있다.

매출액에서 차지하는 인터넷 판매 비율은 상위지역은 9%, 임의지역은 5%의 유의값이 있다(도표 4-1, 중간값). 상위지역은 원래 인터넷 판매에 자신 있는 기업이 고향납세 상위에 들어왔을 가능성과 고향납세를 계기로 인터넷 판매 노하우를 익혀 판매 비율을 높였을 가능성 등 두 가지 경우를 생각할 수 있다. 분포를 확인하면 두 지역 모두 인터넷 비율 20% 미만 기업이 약 80% 존재하는 것으로 봐서 인터넷 판매 경험이 부족한 기업군이 답례품 사업에 참여하고 있다는 것을 알 수 있다(도표 4-6). 즉 답례품 시장을 통해 지방 중소기업이 인터넷 통신판매와 유사한 체험을 하는 계기가 됐을 것이다.

<도표 4-5> 답례품 제공사업자 매출액에서 지역 외 비율

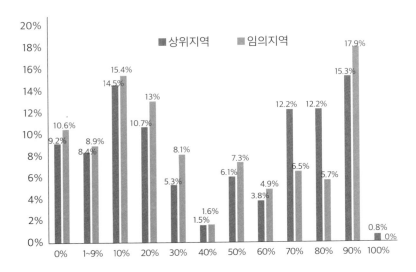

<도표 4-6> 답례품 제공사업자의 인터넷 판매 비율

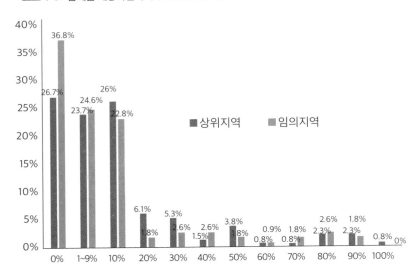

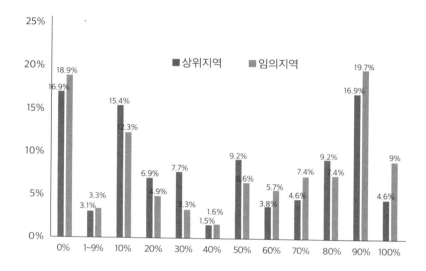

다음으로 매출액에서 법인에 대한 매출 비율(B2B 비율)이 차지하는 분포를 보면, 법인 매출 중심 기업군과 개인 매출 중심 기업군으로 표본 분포가 나뉘어 있다(도표 4-7). 법인에 대한 매출 비율이 80%를 초과하는 기업이 상위지역에서는 30% 이상, 임의지역에서는 40% 미만이었고, 이들 기업은 답례품 시장을 활용해 B2C로 진출할 가능성이 있다. 도시지역 고객에게 직접 접근하기 어려운 지역사업자는 이익이 조금밖에 남지 않는 도매업에 만족하는 경우가 많았지만, 앞장에서 본 이와테현 기타카미시의 의류 제조업자가 답례품 시장을 발판으로 도매업에서 B2C로 진출한 사례처럼 지방사업자가 사업 진

출 방안으로 고향납세 답례품 시장을 활용할 수 있다.

3.3 답례품 매출액이 회사 전체 매출액에서 차지하는 비율

한 사업자당 고향납세 답례품 매출액은 상위지역은 190만 엔, 임의지역은 120만 엔이었다(도표 4-8, 2017년 중간값). 분포를 보면 답례품 매출이 500만 엔 미만 사업자가 상위지역은 64%, 임의지역은 76.6%로 한 사업자당 답례품 매출액은 전체적으로 크지 않다. 2016년과

<도표 4-8> 고향납세 답례품 매출액(사업자당/연간)

| (백만 엔) | 2016년 | | | | 2017년 | | | |
| | 상위지역 | | 임의지역 | | 상위지역 | | 임의지역 | |
	건수	%	건수	%	건수	%	건수	%
0~1	33	29.2	39	39.8	45	33.1	59	47.6
1~5	32	28.3	32	32.7	42	30.9	36	29
5~10	7	6.2	5	5.1	11	8.1	6	4.8
10~30	19	16.8	15	15.3	15	11	13	10.5
30~50	7	6.2	2	2	8	5.9	4	3.2
50~100	4	3.5	3	3.1	6	4.4	4	3.2
100~	11	9.7	2	2	9	6.6	2	1.6
합계	113	100	98	100	136	100	124	100
미회답	50		49		27		23	

	2016년	2017년		
매상 평균값	43.6백만 엔	10.7백만 엔	26.1백만 엔	12.8백만 엔
매상 중간값	3.6백만 엔	1.6백만 엔	1.9백만 엔	1.2백만 엔
매상 표준편차	137백만 엔	29.8백만 엔	79.8백만 엔	65.8백만 엔

2017년을 비교하면 2017년이 전체적으로 낮았다. 그 이유는 답례품 시장에 진입한 지역사업자의 증가 때문으로, 지역 내 사업자가 위축되는 모습을 엿볼 수 있다.

답례품 매출액이 1억 엔 이상인 사업자가 상위지역은 6.6%, 임의지역은 1.6%였다(2017년). 일부 사업자가 고액 매출을 올리는 현황은 논란의 대상이 될 수 있다.

한편 규모가 큰 사업자일수록 답례품에 대한 대응력이 높을 것이고, 그만큼 본 제도의 혜택을 받기 쉬워 지역 내 사업자 간 격차가 더 벌어질지도 모른다는 의견이 있다. 지역 중소기업을 육성하고 싶으나 지역에서는 비교적 규모가 큰 기업이 혜택을 받을 수 있는 상황이 초래될 수 있다.

물론 지역 내에 규모가 큰 사업자가 있기 때문에 그 지역의 지명도가 향상되고 그로 인해 다른 소규모 사업자가 혜택을 받을 가능성도 있다. 특히 고향납세는 지방자치단체에 기부하는 제도이므로 지역의 지명도와 홍보력이 매우 중요하다. 지역을 견인하는 강한 사업자의 존재는 지방자치단체가 고향납세를 통해 자금조달을 하는 데 중요하고, 지방자치단체의 지명도가 향상되면 다른 사업자에게도 도움이 된다. 따라서 일부 사업자가 답례품을 통해 고액의 수익을 올리고 있는 점만을 가지고 단순하게 비판하기는 어렵다.

답례품 매출액이 각 사업자의 전체 매출액에서 차지하는 비율

<도표 4-9> 전체 매출액에서 답례품 매출액의 비율

비율	2016년				2017년			
	상위지역		임의지역		상위지역		임의지역	
	건수	%	건수	%	건수	%	건수	%
0~9%	42	43.8	44	50.6	55	45.5	57	53.8
10~19%	14	14.6	20	23	22	18.2	22	20.8
20~29%	9	9.4	10	11.5	13	10.7	11	10.4
30~39%	10	10.4	6	6.9	11	9.1	4	3.8
40~49%	5	5.2	0	0	3	2.5	1	0.9
50% 이상	16	16.7	7	8	17	14	11	10.4
합계	96	100	87	100	121	100	106	100
미회답	67		60		42		41	

(%)

매상비율 평균값		13.4	13.5	19.2	14.1
매상비율 중간값		8	8	10	8
매상비율 표준편차		18.5	18.4	23.3	19.8

을 보면(도표 4-9), 상위지역은 10%, 임의지역은 8%(2017년 중간값)로 전체적으로 그다지 의존도가 높지 않다. 그러나 전체 매출액에서 차지하는 답례품의 매출 비율이 50%를 넘는 사업자가 상위지역은 14%, 임의지역은 10.4%이며(2017년), 이들은 고향납세 의존도가 높아서 그 실적이 제도의 방향에 따라 영향을 받기 쉬우므로 주의할 필요가 있다.

이상 두 개의 표로부터 얻을 수 있는 정책적 시사점은 답례품 매출액이 낮은 사업자와 답례품 매출액이 전체 매출액에서 차지하는 비율이 낮은 사업자에게는 경쟁력이 생길 때까지 비교적 두터운 지원이 필요하지만, 그렇지 않은 사업자에게는 보통의 지원만으로도 적절하다는 점이다. 고향납세제도에 의존하기 쉬운 사업자는 적절한 의존에 관한 지도가 필요하며, 반대로 본 제도를 충분히 활용하지 못한 사업자에게는 활용법을 지도해줄 필요가 있다.

3.4 답례품 제공사업자 속성에 관한 소결

본 절에서는 고향납세 답례품 시장에서 지역사업자의 속성과 고향납세제도가 사업자 매출에 미치는 영향을 밝혔다. 분석 결과 답례품 제공사업자의 40% 이상이 종업원 수 5명 이하인 영세기업이었고, 인터넷 판매 비율이 20% 미만인 기업이 약 80%를 차지했다. 답례품 시장은 지역 중소사업자가 수적인 측면에서는 다수를 차지하며, 그러한 사업자에게 인터넷 통신판매와 유사한 체험 기회를 제공할 가능성이 높았다. 이는 상권이 축소되는 지방에 있어서 매우 중요하다. 또한 일부 B2B 기업이 B2C에 진출하는 계기가 된 경우도 있었다.

답례품 시장은 지역 중소기업에 다양한 사업 기회를 제공한다고 할 수 있지만, 지역 산업이나 특산품이 부족한 곳에서도 지역 중소기업을 활용해 고향납세에 의한 자금조달이 가능했다고 볼 수 있다. 또 전체적으로 고향납세 답례품을 통한 매출 의존도는 높지 않았지만,

일부 사업자는 지나치게 의존하는 경향을 보여 출구전략까지 고려해 답례품 시장 의존도를 낮추는 구조를 만들 필요가 있다. 향후 과제는 이러한 지역사업자가 답례품 시장에서 사업 기법을 향상한 후에 고향납세 이외의 시장에서도 충분히 활약할 수 있도록 하는 것이다.

4. 답례품 제공사업자의 경영 능력 향상에 관한 설문조사 결과

4.1 답례품 제공사업자의 변화

4.1.1 비즈니스 향상과 경영력 지표의 변화

<도표 4-10>은 고향납세 답례품 제공을 계기로 사업 참여와 경영력 지표가 향상됐는지를 5단계로 평가한 결과다(상위지역). 내용을 들여 다보면 제품 품질관리, 고객만족도 향상, 지역 외 브랜드력·인지력, 포장방법, 신상품 개발 의욕, 상품 디자인력, 경영자 의식개혁에서 유용한 개선 효과가 나타났다. 지역 외 브랜드력·인지력 측면에서는 답례품 포털사이트를 통해 지금까지 접점이 없었던 고객층까지 접근이 가능해졌다.

또한 고향납세는 지방자치단체가 지역 프로젝트의 일환으로 광고·선전을 담당하기 때문에 개별 회사에서는 불가능한 수준의 홍보와 정보 제공이 가능하다. 실제 지역 내 사업자가 하나로 뭉쳐 보도매체나 광고매체에 구매력을 높이기 위한 선전 및 홍보를 하고 있다. 지역 내 브랜드력·인지력에서도 효과를 실감할 수 있다는 점 역시 흥미롭다. 사업자 조사에 따르면, 지역 외 브랜드력·인지력의 향상을 알게 된 지역 내 주민은 높은 평가를 했다.

<도표 4-10> 답례품 시장을 통한 경영력 지표의 변화(상위지역)

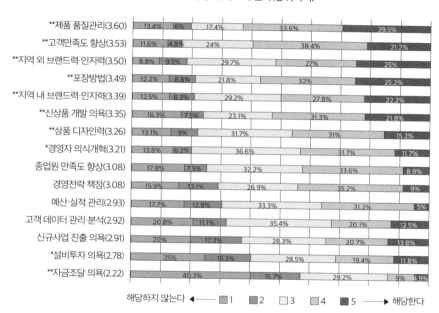

	1	2	3	4	5
**제품 품질관리(3.60)	13.4%	6%	17.4%	33.6%	29.5%
**고객만족도 향상(3.53)	11.6%	4.8%	24%	38.4%	21.2%
**지역 외 브랜드력·인지력(3.50)	8.8%	9.5%	29.7%	27%	25%
**포장방법(3.49)	12.2%	8.8%	21.8%	32%	25.2%
**지역 내 브랜드력·인지력(3.39)	12.5%	8.3%	29.2%	27.8%	22.2%
**신상품 개발 의욕(3.35)	16.3%	7.5%	23.1%	31.3%	21.8%
**상품 디자인력(3.26)	13.1%	9%	31.7%	31%	15.2%
*경영자 의식개혁(3.21)	13.8%	6.2%	36.6%	31.7%	11.7%
종업원 만족도 향상(3.08)	17.8%	7.5%	32.2%	33.6%	8.9%
경영전략 책정(3.08)	15.9%	13.1%	26.9%	35.2%	9%
예산·실적 관리(2.93)	17.7%	12.8%	33.3%	31.2%	5%
고객 데이터 관리·분석(2.92)	20.8%	11.1%	35.4%	20.1%	12.5%
신규사업 진출 의욕(2.91)	20%	17.2%	28.3%	20.7%	13.8%
*설비투자 의욕(2.78)	25%	15.3%	28.5%	19.4%	11.8%
**자금조달 의욕(2.22)	40.3%	16.7%	29.2%	9%	4.9%

해당하지 않는다 ◀ ▬1 ▬2 ☐3 ☐4 ▬5 ▶ 해당한다

주) 5점 만점, 1점으로 나눠 답변함. 대상은 상위지역 163개 사업자임. 수치는 미응답을 제외한 평균값임. 응답선택지의 중앙값 3에서 검정 실시함. **와 *는 1%, 5% 수준에서의 유의미한 값을 의미함.

제품 품질관리, 고객만족도 향상, 포장방법, 상품 디자인력의 네 가지 모두에서 기능이 개선됐다. 답례품을 소개하는 포털사이트는 일반적으로 다른 인터넷 통신처럼 고객코너가 있다. 기존에는 직접적으로 고객을 만날 기회가 없었던 사업자가 이제는 도시지역 소비자의 엄격한 평가를 받기 위해 노력하는 과정에서 경영력이 개선된 것으로 보인다. 답례품 제공이 지역사업자의 '수련장'으로 기능함으로써 신제품 개발 의욕과 경영자의 의식개혁 향상과 같은 기업가정신 제고로 이어졌을 가능성이 있다. 다만 자금조달 및 설비투자 의욕은 오히려 역효과를 나타내는 점에 유의할 필요가 있다. 즉 지역 기업가정신 향상에는 기여하지만, 설비투자나 자금조달 의욕에까지는 영향이 미치지 않는다고 볼 수 있다. 답례품 제공을 통한 지역 기업가정신 향상이 기존 설비나 재무 상황에서 대응 가능한 범위 내로 한정돼 있음을 보여준다.

4.1.2 신상품 개발과 신규사업의 추진

다음에서는 사업 측면에서의 변화와 구체적인 상품계열 정책 실시에 대해 살펴본다. <도표 4-11>에 따르면 신상품 개발이나 신규사업을 개척한 기업은 두 지역 모두 세 개 회사 중 한 개 이상 존재한다. 응답자 대부분이 지역 중소사업자라는 사실을 감안하면 높은 수치다.

기업에서는 답례품 제공이 계기가 돼 기업가정신이 싹트고 있었

<도표 4-11> 답례품 제공을 통해 일어난 변화

	평균값(%)	
	상위지역	임의지역
신상품·신규사업 개척	37.4	35.3
고용 증가	28.1	13.8
종업원의 소득 증가	25.5	19.5
지역 내 판매 확대	25.3	19.9
지역 외 판매 확대	22.3	16.7
지역 외 진출(사업소 설치)	2.7	4
생산성 향상	29.5	24.8
6차 산업화	32.5	23.9
EC 출점, 자사판매 웹사이트	27.8	16.8 *
판매형태 변경	8.3	6.7
상품단위 수 변화	14.2	12.6
새로운 상품설명서 작성	32.6	27.9
설비투자 실시	20.1	12.1 *
추가·신규 차입	11.8	3 **
금융기관 상담	5.6	4.5
보도기관 취재	36.2	35

주) 수치는 미회답을 제외한 회답 수가 점하는 비율임. 대상은 상위지역 163개소, 임의지역 147개소임.
*와 **는 상위지역과 임의지역 간에 5%와 1% 수준의 유의값이 있음을 의미함.

고, 정체된 지방경제에도 영향을 미쳤다. 필자가 실시한 지역사업자 대상 설문조사에서도 지금까지 지역 내 판매처만으로는 신상품 개발 의욕이 생기지 않았고, 설사 개발해도 지역 내 판매가 기존 상품의 매출을 떨어뜨릴 수 있기에 지역 내에서는 '혁신의 딜레마'를 가지게 됨을 알 수 있었다.

또한 품질 좋은 상품을 만드는 기술이 있어도 지역 내에서는 수요가 없었고 결과적으로 상품화에 이르지 못했다는 이야기도 있었다. 그러나 지역 외에서 도시지역 소비자가 중심이 된 답례품 시장이 형성되면서 신상품 개발 분위기가 무르익고 있다. 앞 장에서 살펴본 가고시마현 오사키쵸 답례품인 카탈라나는 도시지역에서 고급 상품에 대한 수요가 있을 것으로 예상해 개발한 것으로, 이 상품이 현지에서도 먹고 싶다는 말이 나올 정도로 히트를 치면서 현지 휴게소나 편의점에서도 판매가 시작됐다. 실제로 원거리 배송을 위한 유통기한 장기화 노력이나 상온 보존 상품 개발도 많다.

4.1.3 상품 판로의 확대 효과

지역 내 판로 확대는 상위지역에서는 25.3%, 임의지역에서는 19.9%로 나타났다. 지역 특산품이 답례품 시장에서 인기를 얻으면서 지역 외 소비자의 평가가 지역 내 주민의 선호에 영향을 미쳤다. 또한 답례품으로 인기를 끈 상품을 전략적으로 현지 특산품화하면서 지역 외에서 찾아오는 관광객이나 방문자에게 판매하는 움직임도 일고 있다.

상위지역에서는 22.3%, 임의지역에서는 16.7%의 사업자가 지역 외 판매량이 증가했다. 고향납세로 상품 인지도가 올라가 인터넷 판매나 새로운 판로를 개척한 사례도 있다. 특히 지방 중소사업자는 지역 외 판로개척이 힘들었으나 고향납세를 통해 지역 상품의 인지도가 향상됐다. 또한 지역 내 판매 확대는 지역 외부로 가는 소비를 억제해 재원을 지역 내에서 순환시키는 데 공헌하며, 지역 외 판매 확대로 외부자금이 유입돼 지역총생산(GDP)을 높이는 데 이바지하고 있다.

'판매처가 확대됐다'고 응답한 사업자에게는 '(실감하는) 매출액 향상은 어느 정도입니까?'라는 질문도 했다. 이에 따르면 지역 내 판매 확대는 약 10%, 지역 외 판매 확대는 약 17% 증가했다고 응답했다. 구체적으로 주요 매출처 중 지역 철도역과 도매 매출에서 실적이 증가하고 있었다(도표 4-12).

<도표 4-12> 지역 내외 판매처 확대

판매처	지역 내 판매 확대		지역 외 판매 확대	
	상위지역	임의지역	상위지역	임의지역
철도역	11	11	4	3
도매	11	10	9	3
슈퍼마켓	4	5	3	3
레스토랑	5	1	7	1
온라인 판매	2	0	5	3
점포	1	2	1	1
기타	18	14	9	9
합계	52	43	38	23
응답 사업자 수	39	27	34	21

4.1.4 고용과 생산성에 미치는 영향

<도표 4-11>을 다시 살펴보면, 고용은 상위지역에서 29% 정도 증가했고, 임의지역에선 14%가량 증가했다. 또 종업원 소득은 상위지역에서는 25.5%, 임의지역에서는 19.5% 늘어났다. 소득증가율에 대해서도 응답을 받았는데 종업원 평균 9.8%의 소득이 증가했다. 지방에서 고용과 소득이 늘어나면 지역 내 소비가 증가하는 효과가 있기 때문에 해당 지역의 GDP 향상으로도 이어질 것이다.

그리고 상위지역에서는 29.5%, 임의지역에서는 24.8%의 생산성 향상이 이뤄졌다. 사업자들은 답례품 매출 증가에 따라 생산량을 늘리기 위한 신규 고용을 하고 싶었지만, 지역 내에 인재가 부족해 생산성 향상으로 대응하는 사례도 있었다고 응답했다. 지역 평균적으로 15.3% 정도 생산성이 향상됐다.

4.1.5 업계의 변화와 6차 산업화 대응

고향납세가 지역 기업가정신 향상에 기여하기 위해서는 지역사업자가 고향납세라는 제도에 얽매여서는 안 되고, 지역사업자 육성을 위한 '수련장'으로 활용하는 것이 이상적이다. 이하에서는 이러한 관점에서 몇 가지 설문을 정리한다.

먼저 고향납세를 계기로 전자상거래(EC몰)에 진출하거나 웹사이트를 시작한 사업자는 상위지역은 27.8%, 임의지역은 16.8%였다. 인구 감소에 직면한 지방사업자는 인터넷 판매를 통한 상권 확대가 중요하지만, 혼자 힘으로 대응하기에는 진입장벽이 높다고 토로하는 사업자가 많다. 그러나 답례품 노하우를 바탕으로 이런 방법에 도전하는 사업자가 있다. 특히 상위지역과 임의지역 중 상위지역의 사업자에서 이러한 경향이 눈에 띄게 나타났다. 답례품 주문량이 많을수록 인터넷 통신판매 노하우가 쌓인 것으로 볼 수 있다.

지방사업자의 과제 중 하나는 도매업을 통한 낮은 이익률의 극복이다. 확실한 자신의 브랜드를 갖고 있거나 충실한 고객이 있다면 이익률이 낮은 도매업과 관계되는 사업 비중을 낮춰서 회사 전체 이익을 향상시킬 수 있다. 그러나 이번 조사에서도 이러한 사업자는 소수에 그쳤다. 판매형태의 변경(도매업에서 소매업으로 진출, 소매업에서 외식업으로 진출 등)은 상위지역에서는 8.3%, 임의지역에서는 6.7%에 머물렀다.

6차 산업화는 농림수산업에 종사하는 사업자에게만 질문했는데, 상위지역에선 32.5%, 임의지역에선 23.9%가 응답했다. 농가나 수산업 사업자가 스스로 가공공장을 만들어서 가공품을 제조·판매하는 사례, 농가가 주스를 제조·판매한 사례도 있었다. 6차 산업화의 일반적인 문제는 생산자 중심의 제조가 되기 쉽고 기획 제조의 발상은 어렵다는 점이다. 고향납세 답례품 포털사이트를 보면 어떤 상품이 인기가 있을지 알기 쉽고, 판매도 답례품 시장이 담당하므로 일반 6차 산업화에 비하면 진입장벽이 낮다. 답례품 제공을 계기로 6차 산업화를 보다 수월하게 시도할 수 있게 됐다.

4.2 지역 투·융자에 미치는 영향

기업가치 향상을 위해서는 미래에 대한 투자를 빠뜨릴 수 없다. 만일 기업의 미래에 대한 전망이 불투명한 상황이라면 좀처럼 투자에 나서지 않을 것이며, 이에 따라 기업의 가치와 지역경제는 더욱 축소될 것이다. 그러나 고향납세 답례품 시장 기회가 있기 때문에 기업은 의욕적으로 투자하려고 할 수 있다.

또한 답례품 제공으로 수익이 향상된 사업자는 수익을 통해 확보한 여유자금으로 성장을 위한 투자를 해 답례품 시장 이외에서 경쟁력 강화를 도모할 수 있다. 이번 조사에서는 '설비투자를 실시한다'고 응답한 사업자에게 그 내용과 금액을 기재하도록 했다. 그 결과 25개 지역에서 45건, 약 1억 5,000만 엔의 설비투자가 이뤄졌음을 확인할 수 있었다. 그중 약 3분의 2는 조성금의 지원 없이 순수하게 자기 자금으로 이뤄진 투자다. 구체적인 내용을 보면 대형 냉장고·냉동고의 구입, 각종 가공기계의 도입, 새로운 상가의 건설, 사업장 확대, OA기기 도입 등 여러 분야에 걸쳐 있다.

한편 답례품 제공으로 인한 금융기관으로부터의 추가·신규 차입은 <도표 4-11>에서 알 수 있는 것처럼 크지 않다. 사업 환경 변화와 설비투자 상황 등을 고려하면 차입 상황과 금융기관의 관여도는 조금 저조한 느낌이다. 고향납세가 중소기업 진흥정책으로서 보다 효과적으로 기능하기 위해서는 향후 지역금융기관의 추가적인 개입이 중요하다. 또한 신규·추가 융자를 받은 사업자 중 설비투자를 실시했다는 응답은 77.3%였고, 이 경우 설비투자는 융자와 상당히 관련돼 있었다.

4.3 지방자치단체와 사업자 간의 이해관계 일치 효과

고향납세의 세 가지 특징적 구조 중 하나는 지방자치단체가 적극적으로 지역사업자를 지원하고, 이러한 지원을 통해 사업자의 경영 능력이나 지방자치단체의 기부금 조달금액도 영향을 받는다는 점이다. 그래서 각 사업자에게 지방자치단체와의 협의 내용을 문의했다. 그 결과가 <도표 4-13>에 나타나 있다.

　주문 내용과 숫자 확인이 가장 많았지만, 신상품 개발과 상품 개선 비율도 높았다. 지방자치단체는 고향납세 실적을 끌어올리기 위해 사업자에게 구체적인 자문과 서비스를 제공한다는 사실도 알 수 있었다. 그리고 표에는 나타나지 않았지만 지방자치단체의 지원 체계가 만족스러운지도 질문했는데, 두 지역 모두에서 약 90%의 사업자가

<도표 4-13> 지방자치단체 직원과의 협의내용

	상위지역		임의지역	
	건수	%	건수	%
주문 내용과 숫자 확인	84	36.8	59	27.8
신상품 개발	46	20.2	51	24.1
상품 개선	39	17.1	44	20.8
재고 확인	34	14.9	21	9.9
인원 확보	2	0.9	1	0.5
조성금 획득	3	1.3	2	0.9
향후 설비투자	2	0.9	1	0.5
기타	18	7.9	33	15.6
합계	228	100	212	100
복수 회답 수	65		65	

긍정적으로 응답했다.

위에서 살펴본 바와 같이 지방자치단체의 지원이 지역사업자의 성장에 일정 부분 기여한다고 할 수 있다. 기존에 국가나 지방자치단체의 중소기업 정책은 형식적인 모양만 갖췄고, 실제로는 사업자의 자발적인 노력으로 실시해야 했지만 부족한 자원 등으로 좀처럼 성과가 나오지 않았다. 그러나 고향납세는 중소기업 정책의 효과가 지방자치단체의 고향납세 모금액 실적과 직결되기에 지방자치단체 직원도 지역사업자를 적극적으로 지원하고 있다는 점을 알 수 있다. 이러한 특성이 지역 중소기업 정책에 시사점을 제시한다.

답례품을 제공하는 사업자 간에 지식과 노하우를 공유하고 협력하는지도 문의했다. 향후 가능성까지 포함하면 절반 정도의 사업자가 지식과 노하우의 공유를 위해 노력하고 있으며, 고향납세로 인해 지역에서 사업자 간 제휴가 강화될 것으로 보인다. 모든 사업자가 지역 경제권에서 사업을 하는 경우에는 한정된 지역 고객을 서로 빼앗기 때문에 서로 경쟁자가 되지만, 모두가 힘을 모아 외부 고객을 유치하고자 한다면 함께 실적을 높이는 파트너가 될 수 있다. 실제로 사이타마현 후카야시, 가고시마현 오사키마치, 시마네현 오쿠이즈모마치 등에서 사업자 간 협력으로 신상품을 개발한 사례가 등장했으며, 사업자 간 제휴를 지역혁신, 기업가정신 향상으로 연결하고 있다.

5. 설문조사를 통한 지역 기업가정신 향상의 시사점과 과제

이상의 분석을 통해 답례품 제공으로 일부 지역사업자가 발전적인 사업전략을 수행하고 있고, 2차 산업으로의 진출이나 6차 산업화를 추진하고 있음을 확인할 수 있었다. 또한 일부 사업자는 답례품 시장 이외의 판로 확대를 진행했으며, 이러한 방향은 향후 더욱 강화될 것으로 보인다. 한편 이를 위해서는 지역 금융기관에 의한 융자지원과 사업자의 적극적인 투자가 필요하지만 그러한 상황은 확인할 수 없었다.

　이번 분석으로 지역의 벤처기업과 중소기업 정책에 관한 두 가지 시사점을 얻을 수 있었다. 하나는 과도한 경쟁 환경을 갖춘 시장의 존재다. 수련장 역할을 하는 장이 마련되면 지역 중소기업은 본격적으로 인터넷 통신판매 등 시장 진출을 위한 준비와 훈련을 할 수 있다. 그리고 일반 소비자가 수련장을 이끌어가는 나침반 역할을 하는 것이 중요하다. 그렇게 하면 지역사업자는 소비자에게 선택될 만한 상품을 기획·제조해야 한다는 인식을 갖는다. 단지 정부 조성금을 받기 위해 신청서류 작성 기술만 능숙해진 지금까지의 구조와는 다르다. 다른 하나는 지방자치단체와 지역사업자 간 이해관계가 일치하며, 지역 내 사업자 간 제휴가 촉진된다는 점이다.

　육성 수련장으로부터의 출구전략이라는 새로운 과제도 존재한다. 고향납세가 답례품 시장이라는 특수한 공영시장을 만들었고, 세금을 기반으로 지역 중소기업의 수익을 지원하는 정도에 머문다면 그 가치가 충분히 발휘됐다고 말할 수 없다. 답례품 시장이라는 수련장에서 졸업하고 일반 시장에서 경쟁할 수 있는 여력을 갖춘 기업을 차례차례 배출해야만 제도 존재의 의의가 있다. 예를 들어 미야자키현 식품·음료 회사인 베지오베지코는 스무디용 채소를 답례품으로 제공하면서 그 후 답례품 시장을 졸업하고 지금은 신선식품 배달 서비스 등으로 사업을 확장해 만족스러운 실적을 올리고 있다. 또한 앞 장에서 본 스위트카페점 심우처럼 일반적으로 EC가 주된 사업환경이 되는 기업을 증가시켜야 한다. 답례품 시장에 의존하지 않고 오히려 답례품 시장을 인지도 향상이나 테스트 마케팅 기회로 활용해 사업 성장으로 연결해나가는 것이 요구된다.

지방자치단체와 사업자 간 이해관계 일치의 관점에서도 보이지 않는 함정이 존재한다. 베지오베지코처럼 답례품 시장에서 졸업한 사업자가 나오면 지방자치단체에서는 고향납세 기부금 수입이 감소하는 결과가 나올 수 있다. 지방자치단체의 고향납세 수입이 답례품과 결합돼 있기 때문에 지방자치단체 입장에서는 지역사업자가 계속적으로 매력적인 답례품을 공급해줄 필요가 있다. 그러나 이 점은 앞에서 지역사업자가 답례품 시장에 의존하지 않도록 해야 한다고 지적했던 점과는 정반대의 결과이므로 적절한 조정이 필요하다.

답례품을 제공하는 사업자가 답례품 시장과 일반 시장 모두에서 높은 실적을 갖는 것이 가장 이상적이지만, 소비자가 답례품 시장에서는 자기부담 없이 선물받을 수 있는 상품을 일반 시장에서 자기부담률 100%로 구매할지가 문제이다. 이 문제를 해결하는 이상적인 상황은 새로운 사업자가 지역 내에서 배출되고, 수련장에 참여한 후 졸업한다는 순환시스템을 만들어가는 것이다. 이를 위해서는 산·관·금이 일체가 되는 지역 기업가정신 향상이 중요하다.

이처럼 출구전략이라는 과제도 남지만, 이번 조사를 통해 고향납세 답례품 시장이 지역사업자를 육성하는 역할을 일정 정도는 담당함을 알 수 있었다. 향후 최대 과제는 답례품 매출을 통해 경영력 지표가 개선되는 기업 비율을 보다 높여 일반 시장에서도 통용되는 사업자를 하나라도 더 배출하는 것이다. 그리고 지방자치단체는 기부금 수입을 지역사업자의 답례품에 의존하지 않고, 유용한 활용사업을 제시한 뒤 이에 공감하는 자금을 끌어들이는 등의 전략을 마련하는 노력을 해야 한다.

지방 이주ㆍ정주 정책관 관계인구 증가 정책ㆍ제5장

05

지방 이주·정주 정책과 관계인구 증가 정책

—고향납세 관련 정책적 시사점

1. 인구 감소 사회에 있어서 중요한 인구공유 정책

지방을 활성화하기 위해서는 사람·물건·자금의 순환이 중요하다. 고향납세 답례품은 지방이 수도권을 비롯한 도시에 물건을 제공함으로써 돈을 버는 구도를 만들었다. 다만 이상적으로는 지방은 고향납세 답례품 시장에서 지역 특산품을 알리고(인지 획득), 그다음에는 일반 시장에서도 소비자가 상품을 구입할 수 있으며(실수요 획득), 그리고 사람을 지역으로 유치할 필요가 있다.

지방에서는 인구 감소 문제가 심각해 이주·정주에 힘을 쏟는 자치단체가 많다. 그러나 전국적인 인구 감소가 예측되는 상황에서 각 지방자치단체가 이주·정주 정책을 실시해 서로 인구를 빼앗으면 제로섬 게임에 빠져 국가 전체가 피폐해질 수 있다. 따라서 관계인구 증가를 위한 정책에 주력해 하나의 지방자치단체가 사람을 독점하지 않고 서로 나누는 것을 목표로 해야 한다.

예를 들어 도쿠시마현 가미야마쵸나 미나미쵸에는 벤처기업의 지역 사무실이 설치돼, 지역 사무실에서 몇 개월 근무하면서 도시와 지방을 왕래하는 근무 스타일이 등장하고 있다. 그리고 크라우드소싱

(Crowd Sourcing·crowd(대중)와 outsourcing(외부자원)의 합성어-옮긴이)과 원격근무의 추진으로 지방에 있으면서도 도시 기업과 일할 수 있어서 일을 위해 특정한 '장소'를 선택하지 않는 시대가 되고 있다. 이제 일을 찾아서 지방에서 도시로 이주할 필요성은 거의 없어졌다. 특히 코로나19를 거치면서 거주근무(WFH·Work From Home)가 일상화되고 있는 지금은 도시에서 교외 또는 지방으로 이주하는 것이 당연한 일인지도 모른다.

또한 관광 측면에서도 에어비앤비(Airbnb)처럼 주택에서 관광객이 민박을 할 수 있는 사업이 알려지고 있고, 우버 재팬(Uber Japan)처럼 승차 공유 서비스도 등장하고 있다. 이러한 환경에서 고향납세를 통해 관계인구를 증가시키는 지역이 나타나고 있다. 몇몇 설문조사에서도 많은 사람이 '고향납세를 한 지역에 방문해보고 싶다'고 응답했다.

본 장에서는 고향납세를 계기로 관계인구와 교류인구의 증가를 목적으로 한 여러 시도와 이주·정주 정책사례를 살펴보고, 유용성과 향후 정책적 시사점을 검토한다.

2. 납세 관련 관계인구와 교류인구의 확대

2.1 체험형 지역 방문 촉진

야마나시현 후지요시다시는 2018년 10월 2만 엔 이상의 고향납세를 한 사람을 대상으로 관광버스를 운영했다. 즉 전세버스로 도쿄 신주쿠에서 후지요시다시로 당일관광을 할 수 있도록 했다. 독특한 점은 이러한 당일관광을 현지 고등학생들이 제안했고 실제 여행가이드도 한다는 사실이다.

후지요시다시는 후지산 기슭에 있지만 관광지로는 유명한 지역이 아니었다. 따라서 당일관광 일정을 통해 지역의 매력을 어떻게 발굴할지를 고민하기 시작했다. 일정 중에는 답례품 제공사업자를 찾아가는 코스도 있는데, 고등학생들은 해당 사업자를 사전에 방문해 어떤 상품을 만들고 있는지 인터뷰하면서 이해를 넓혀갔다. 이러한 과정을 통해 지역 고등학생들은 지역을 보다 잘 이해할 수 있었고, 방문객이 관광을 하면서 지역의 독자적인 노력에 대해 높은 평가를 해줘 공적인 자부심도 가질 수 있게 됐다.

고향납세자를 대상으로 한 관광은 이미 2017년부터 다섯 차례 실시됐으나 그때는 시청 공무원 주도로 이뤄졌다. 그러나 2018년 10월부터 기존 시스템을 발전시켜 현지 고교생들이 참여하는 형태로 진행했다.

추첨을 거쳐 당일여행에 참여한 고향납세자들을 대상으로 한 설문조사에서 응답자의 약 절반인 55명 중 26명이 후지요시다시를 처음 방문한다고 답변했다. 또한 관광에 응모한 이유로 29명이 '특전으로 참가할 수 있기 때문'이라고 답했다. 관광 참가비가 무료였기 때문에 참가자가 적지 않았지만, 참여자의 연령이 10대에서 70대까지 폭넓어서(40~50대가 비교적 많았음) 은퇴한 고령자만 지원하지 않았음을 알 수 있다. 무료 여행이라고는 하지만 한창 일을 하는 세대가 하루 시간을 내어 방문하려고 했다는 점은 눈여겨볼 만하다.

설문조사 결과를 보면 참가자의 만족도가 높았는데, 주목해야 할 점은 '무언가 부족한 점은 없었나요'라는 질문에 '주민도 현지의 매력을 잘 파악하지 못하고 있지 않나? 더 잘 홍보해주기 바란다' '매우 멋진 곳이다. 더 많이 알려줬으면 한다' 등의 의견이 적지 않았다는 것이다. 이러한 현상은 후지요시다시에 국한된 이야기는 아니며 일본 전국에 공통된 과제라고 할 수 있다. 현지인에게는 특별한 장소가 아니지만 외부인의 시각에서 보면 매력적인 곳이 많다. 관계인구의 확대를 위해서도 전국 지방자치단체가 후지요시다시의 대응 사례를 참고해야 할 것이다.

마찬가지로 다마키쵸를 비롯한 미에현 남부지역 13개 지방자치단체가 합동으로 1박 2일 지역관광을 시켜주는 등 다른 지역에서도 고향납세 기부자가 실제로 발길을 하도록 하는 이벤트를 실시하고 있다.

홋카이도 히가시카와쵸는 고향납세 기부자가 방문해 함께 나무를 심는 활동을 시행하고 있다. 일종의 체험형으로, 상수도가 없는 히가시카와쵸는 산림 유지가 중요하기에 나무 심기는 말하자면 '마을 만들기'의 일환이다. 관광객으로서 대접만 받지 않고 마을 만들기에도 동참해 지역의 일을 자신의 일로 생각하도록 한 점은 확실히 사람을 공유하는 일이라고 할 수 있다.

2.2 적극적인 지방 교류 시작

한편 지방자치단체가 적극적으로 도시를 방문해 관계인구와 교류인구를 늘리기 위해 노력하는 움직임도 있다. 예를 들어 홋카이도 가미시호로쵸나 나가사키현 히라도시 등은 수도권과 간사이 지역을 비롯한 여러 도시에서 '고향납세 감사제'를 개최했다. 고향납세 기부자를 대상으로 답례품 시식회, 마을 소개 설명회, 이주 상담 코너 등을 설치해 지역을 통째로 체험할 수 있게 했다.

이처럼 특정 자치단체가 단독으로 행사를 하는 경우도 있지만, 고향납세 포털사이트 등을 통해 여러 자치단체가 합동으로 개최하기도 한다. 이러한 실시간 접점을 가짐으로써 고향납세 기부자가 계속해서 기부하는 효과를 기대할 수 있다.

2.3 시민의 마을 조성 참여기회 확대 : 지역 내 연계 강화

지방에서는 사회인구 감소와 유출이 매우 골치 아픈 문제다. 이런 가운데 고향납세를 계기로 지역 내 사람 간의 연계를 강화한 사례가 있다. 홋카이도 네무로시와 후쿠이현 사카이시 등은 고향납세로 조달한 자금의 사용처를 정하는 과정에서 지역주민의 생각을 함께 반영한다.

일반적으로 지방자치단체의 예산 사용처는 의회가 결정하므로 주민은 자신이 뽑은 지역의원을 통해 간접적으로 예산 사용처를 결정할 수 있다. 그러다 보니 실제로 의회에 관심을 갖는 주민은 소수이고, 대다수 주민은 현지의 마을 만들기에 대한 관심이나 애착이 적다. 또한 관심을 갖더라도 지금의 일본은 지역정치나 국가정치 모두 '실버 민주주의'에 빠져 있다. 선거에서 투표하는 사람도 고령자가 많고, 또 고령자 인구 비율이 증가하고 있기 때문에 의원들에게는 고령자들로부터의 득표가 중요하다. 따라서 의회에서도 당연히 실버세대를 위한 정책을 우선적으로 논의하고, 예산 책정 과정에서도 마찬가지다. 한편 고향납세는 지역 외부로부터의 자금이므로 그 사용처를 유연하고 대담하게 정할 수 있다.

네무로시는 일반 공모를 통해 모집된 다양한 분야나 직종의 사람이 '네무로시 고향응원 미래회의' 회원이 돼 기부금의 사용처를 논의하고 제안한다. 독특한 점은 고교생도 모임을 만들어서 응원한다는 것이다. 이러한 움직임을 통해 현지 주민들의 마을 만들기에 대한 관심을 높이고, 실버 민주주의 구조에서는 좀처럼 다루기 힘든 지역 과제를 논의할 수 있게 됐다. 또한 지역 연대 강화와 인구 유출 억제 역할도 기대할 수 있다.

상황을 조금 더 발전시켜서 고향납세자도 논의에 참여할 수 있게 한다면 외부 관계인구와의 연계도 더욱 두텁게 만들어갈 수 있을 것이다.

3. 이주·정주 정책 고찰

3.1 희소한 성공 사례

정부는 도쿄 집중 현상 방지와 지역 특성에 기초한 지역 과제 해결 관점에서 각 지방자치단체에 '지방인구 비전'과 '지방판 종합전략'을 수립하도록 하고 있다. 종합전략 수립 시 인구 감소 대응은 지역발전에 있어 중요한 과제이므로, 보다 구체적인 정책을 통해 지방으로 인구가 유입될 수 있도록 '지역발전협력 대사업'과 '두 지역 거주사업'을 추진한다.

또한 지방자치단체들도 독자적으로 이주사업을 진행하고 있다. 예를 들어 사바에시의 느슨한 이주정책이나 오카야마현 니시아

와쿠라촌의 이주·창업 지원사업처럼 일정한 성과를 올리는 사례도 등장했다. 이러한 움직임에 호응해 청년층에서는 ICT나 콘텐츠 기술자, 크리에이터 등을 중심으로 지방 이주에 대한 저항감이 줄어들고, 고령자들 사이에서는 CCRC(Continuing Care Retirement Community·건강한 시니어타운) 참여도 생겨나고 있다(고야나기 2016). 그러나 아직까지는 지방으로 이주하는 흐름이 충분하지 않다.

이런 가운데 고향납세를 계기로 한 교류인구의 증가와 미래 이주·정주 인구 발생이 기대되는 자치단체가 있다. 대표적으로 홋카이도 가미시호로쵸의 정책은 2018년 총무성이 발표한 고향납세 활용사례집 중에서 '지속적인 육아지원에 의한 인구 증가'로 다뤄지고 있다.

3.2 육아지원 정책의 효과와 영향

가미시호로쵸는 인구 5,000명 정도의 마을이지만, 답례품인 나이타이 쇠고기 등을 활용해 2014년 9억 7,000만 엔(전국 3위)의 고향납세 기부금을 모았다. 이를 계기로 '가미시호로쵸 고향납세 육아·저출산 대책 꿈기금 조례'를 제정했고, 육아지원책 확충을 고향납세 목표로 내걸고 기부금 전액을 기금으로 충당했다. 그리고 고향납세 기부금으로 통학버스를 구입하고, 2015년에는 유치원·보육원·어린이집인 '가미시호로쵸 인정어린이집 호롱'의 보육료를 일부 무료화했으며, 2016년부터는 향후 10년간 완전 무상화를 결정했다.

어린이집에서는 외국인 강사가 유아기부터 영어 지도를 하고, 원거리 통원 아동을 위해 픽업 서비스도 실시하고 있다. 이러한 마을 정책은 여러 언론에서 다뤄졌고, 고향납세를 계기로 한 육아지원책의 확충과 그로 인한 인구 증가의 성공 모델로 회자되고 있다. 예를 들어 2016년 6월 15일 일본경제신문은 '전국에서 손꼽히는 기부액을 모금한 홋카이도 가미시호로쵸가 2015년 기부금을 재원으로 보육원과 유치원 기능을 갖춘 인정어린이집을 일부 무료화했다. 계속해서 감소하던 인구는 2월부터 5월까지 4개월 동안 40명이 늘어났다'고 보도했다.

육아지원책에 의한 이주 촉진 효과에 대한 선행 연구는 많지 않지만, 나카자와(2015)는 전국 지방자치단체와 도쿄 자치단체를 대상으로 자치단체 육아지원 정책이 출생률과 세대 이주에 미치는 영향을 분석했다. 그 결과, 도쿄의 육아지원 정책이 다른 지방자치단체 부모의 이동을 초래하는 유인으로 작용하고 있고, 특히 보육원 정비로 인해 양육세대가 많은 자치단체와 그렇지 않은 자치단체로 이분화되는 경향을 보였다.

다만 전국 자치단체를 대상으로 한 분석에서는 이러한 경향이 분명하다고는 볼 수 없었다. 그 외 높은 교육 기회의 제공 여부가 5~9세 인구이동에 영향을 줬으나, 아동 복지비에 대한 소득 보조는 인구이동에 영향을 주지 않고 있다는 사실을 근거로 '지방자치단체 독자적인 육아지원 정책이 정말로 효과를 낳을 수 있는지 상세히 조사해볼 필요가 있다'고 지적했다.

이주자에게는 거주 경험이 있는 장소로 회귀하는 U턴과 새로운 장소로 이동하는 J턴·I턴의 모든 행태에서 주거환경이 중요하다는 점이 명확해졌다(아베라 2010, 고모리 2008, 사쿠노 2016 등). 또한 리·스기우라(2017)는 히로사키시 이주자를 대상으로 한 조사에서 이주의 대부분은 출신지로의 U턴으로, 실제 주택 소유 여부가 이주 의사 결정에서 커다란 요인이라고 밝혔다. 따라서 이주를 촉진하려면 육아지원책 이외에 주거환경의 정비도 필요한 것으로 나타났다.

나카자와(2015)의 분석 결과를 보면 육아지원책 중 특히 보육원 정비는 장기간에 걸친 재정 부담을 감안한다면 냉정한 분석과 판단이 요구되고, 또 육아지원책이 전국 이주에 효과가 있다고는 말할 수 없기에 이주를 목적으로 한 육아지원책의 확충은 신중을 기할 필요가 있다.

또한 나카자와(2015)는 인구이동이 어느 지역에서 어느 지역으로 일어나는지까지는 분석되지 않고 있어서 이웃 자치단체로부터의 이동이 주된 것인지 아니면 먼 곳으로부터의 이동이 주된 것인지 알 수 없다고 했다. 다만 동 논문에서 밝히는 바와 같이, 육아지원책의 내용 및 수준 차이는 이웃 자치단체의 인구이동을 촉진할 가능성이 높다.

한편 지방으로 이주할 때는 직장도 큰 제약 요인이므로, 아무리 보육 환경이 좋아 이주를 고민하는 도시 거주자라도 직장 때문에 이주를 쉽게 실천하기는 어렵다. 물론 이웃 자치단체 거주자라면 직장을 옮기지 않고 이주하는 것이 가능하다.

즉 지방에서는 어느 자치단체의 육아지원책 확충은 인구 감소라는 동일한 문제에 직면한 다른 자치단체와의 '육아 쟁탈'이라는 무모한 싸움을 일으킬 수 있다. 인구가 도시에서 지방으로 회귀하거나 도쿄 집중 현상의 완화로 이어진다면 바람직하지만, 인구 감소로 피폐해진 자치단체 간에 이주자 쟁탈전이 일어나는 상황은 피해야 한다.

이상으로 고향납세를 기초로 한 육아지원책의 확충은 ①이웃 지방자치단체 간 이주자 쟁탈을 야기할 수 있다는 가설을 만들 수 있다. 그러나 원격근무의 확대로 직장이 이주·정주의 제약 요인이 되는 정도는 낮아졌다고 생각할 수 있으므로 ②도시에서 지방으로 이주를 촉진하는 효과가 있다는 가설도 세울 수 있다. 특히 고향납세를 통한 출신지 기부가 U턴 이주의 계기가 될 가능성이 있다. 또한 정주에 대해 ③지역 내 육아세대의 유출을 억제하는 효과가 있다는 가설도 가능하다.

이하에서는 홋카이도 가미시호로쵸의 사례를 분석해 위의 가설을 검증한다. 어디까지나 하나의 사례이므로 이것을 일반화할 수는 없지만, 고향납세를 통한 육아지원책 확충이 각 자치단체가 취해야 할 정책인지에 대한 참고자료가 될 것이다.

4. 홋카이도 가미시호로쵸의 인구 동향 분석

4.1 인접 지역의 영향을 받기 쉬운 가미시호로쵸

본래는 육아지원책 이외의 정책에 대해서도 분석을 해야 하지만, 주민센터에 따르면 분석 대상 기간 중에 다른 정책은 큰 변화가 없었다고 말하므로 본 장에서는 육아지원책만 분석한다.

우선 2012년부터 2017년까지 가미시호로쵸 인구 추이를 주민기본대장 인구동태 자료로 확인해 인구 증가 내용을 특정한다. 가미시호로쵸는 도카치종합진흥국 관내에 있으며, 오비히로시와 오토후케쵸가 이 지역의 경제활동을 견인하고 있어 가미시호로쵸 인구는 이 두 지역에 대한 전출 또는 전입에 영향을 받기 쉽다. 또한 두 지역과 가미시호로쵸 사이에 시호로쵸가 있는데, 만약 가미시호로쵸의 육아지원책 확충이 주변 지역에 큰 영향을 준다면 이 세 지역과의 사이에 인구이동이 나타날 것이다. 한편 가미시호로쵸의 육아지원책이 먼 지역과의 인구이동에 영향을 준다면 이들 세 지역 이외 지역과 인구 관련 변화가 생길 것이다. 따라서 주변 세 지역과 그 외 지역은 구분해서 분석한다. 40세 미만을 육아세대로 정의하고 전입자 수와 전출자 수의 추이를 분석한 후 보충적으로 가미시호로쵸 전입자를 대상으로 한 설문조사 결과를 이용해 분석한다.

가미시호로쵸는 인구 약 17만 명을 보유하고 있으며, 오비히로시

<도표 5-1> 가미시호로쵸 주변 지도와 인구자료(명)

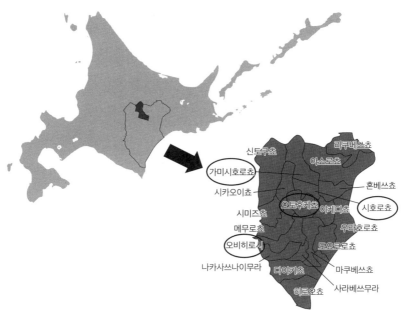

오비히로시 帯広市 167,653	오토후케쵸 音更町 45,032	시호로쵸 士幌町 6,214	가미시호로쵸 上士幌町 4,988	시카오이쵸 鹿追町 5,503	신토쿠쵸 新得町 6,292	혼베쓰쵸 本別町 7,254	아쇼로쵸 足寄町 7,061

주) 가미시호로쵸와 주변 세 지역으로 둘러싸여 있음.
출처) 가미시호로쵸 홈페이지, 도카치종합진흥국 홈페이지, 총무성의 2018년 주민기본대장을 바탕으로 필자 작성.

로부터 북쪽으로 38㎞, 도카치오비히로 공항으로부터 70㎞에 위치한다(도표 5-1). 밀·콩·감자·사탕무 등이 유명하고, 주요 산업은 농업·임업·낙농업이다.

4.2 홋카이도 가미시호로쵸 인구 변화 추이

가미시호로쵸의 전입자·전출자 수 추이는 <도표 5-2>와 같다. 자연 증감을 보면 출생자 수에서는 큰 변화가 보이지 않았으며, 육아지원책에 의한 출생자 수의 증가는 아직 눈에 띄지 않는다. 한편 2015년에는 인구의 사회적 증감 부분이 증가로 전환됐다. 전입자 수의 증가와 전출자 수의 감소가 동시에 발생했다. 국내 인구이동을 대상으로 한 사회증감률은 2015년에 0.06%로, 홋카이도 내 전체 179개 자치단체 중 순위가 크게 올라 2016년과 2017년에는 홋카이도 내에서 각각 1위가 됐다.

4.3 홋카이도 가미시호로쵸 전입 인구 추이

다음으로 가미시호로쵸로 전입한 사람의 출신지역별 현황을 확인해보자(도표 5-3). 가미시호로쵸로 전입한 자는 홋카이도 내 다른 지역에서 전입한 자가 많았지만, 특히 주변 세 지역에서 2015년에는 66명이 전입했고, 2016년에는 93명이 전입했다. 2016년에는 주변 세 지역

<도표 5-2> 가미시호로쵸 인구 추이(명)

		2012년	2013년	2014년	2015년	2016년	2017년
자연증감	출생	37	37	37	25	32	36
	사망	75	76	68	79	73	63
	합계	-38	-39	-31	-54	-41	-27
사회증감	전입	234	256	178	225	258	303
	전출	295	285	265	222	192	222
	합계	-61	-29	-87	3	66	81
인구증감	사회증감률	-1.21%	-1.24%	-1.78%	0.06%	1.36%	1.65%
	(도내 순위)	(143위)	(65위)	(175위)	(22위)	(1위)	(1위)
	사회증감률 +자연 증감	-99	-68	-118	-51	25	54

주) 사회증감률=(가미시호로쵸 전입자 수+가미시호로쵸 전출자 수)/가미시호로쵸 총인구. 다만 국내 전입·전출만을 대상으로 함(국외 전입·전출은 제외함).
출처) 총무성 주민기본대장상 인구, 인구 동태 및 세대수(시구정촌별 일본인 주민) 데이터로 필자 작성.

이 전입자 전체에서 차지하는 비율도 36.2%까지 증가하기에 이르렀다. 또한 육아 사정이 어려운 도시지역인 도쿄·가나가와·오사카·지바·사이타마로부터의 전입자 수도 2015년 39명, 2016년 38명으로 증가했다. 2017년에는 주변 세 지역과 도시지역으로부터의 전입은 조금 저조했으나, 기타 도도부현에서의 전입자 수가 전년도 29명에서 64명으로 2배 이상 현저히 증가했다. 이 수치는 지난 5년간 자료와 비교할 때 큰 수치다.

전체적으로 보면 표본의 절대수가 크지 않기 때문에 해석상 주의

<도표 5-3> 가미시호로쵸 전입자 수 추이(명)

		2012년	2013년	2014년	2015년	2016년	2017년
홋카이도	오비히로시	46	52	30	42	51	31
	오토후케쵸				14	31	30
	시호로쵸	14				11	
주변 세 지역 합계		60	52	30	66	93	61
삿포로시		23	28	22	18	19	23
기타 시정촌		102	123	79	90	78	124
홋카이도 합계		185	203	131	164	190	208
도쿄		3	12	11	12	15	12
가나가와현		1	4	10	6	5	7
오사카		2	3	4	9	5	4
사이타마		2	5	1	9	4	6
지바		1	4	3	3	9	3
1도3현+오사카 합계		9	28	29	39	38	32
기타 현		28	35	18	23	29	64
홋카이도 외 합계		46	91	76	101	105	128
합계		222	256	178	226	257	304

	2012년	2013년	2014년	2015년	2016년	2017년
주변 세 지역 비율	27%	20.3%	16.9%	29.2%	36.2%	20.1%
1도3현+오사카	4.1%	10.9%	16.3%	17.3%	14.8%	10.5%
홋카이도 내 비율	83.3%	79.3%	73.6%	72.6%	73.9%	68.4%
홋카이도 외 비율	16.7%	20.7%	26.4%	27.4%	26.1%	31.6%

주) 오토후케쵸와 시호로쵸에서 공란인 곳은 0명이 아님. 총무성 데이터베이스에서는 시정촌 간 인구이동이 10명 이상인 데이터만 표기하기 때문에 10명 미만의 인구이동 데이터는 공란으로 둠.
출처) 주민기본대장 인구이동보고(2012~2017)에 의해 필자 작성.

가 필요하지만, 만일 이러한 증가가 가미시호로쵸 육아지원책 확대에 의한 것이라면 2015년과 2016년에는 육아지원책에 매력을 느끼는 사람을 주변 세 지역으로부터 끌어들였고, 2017년에는 주변 세 지역에서의 이주자 증가율이 조금 떨어졌지만 그래도 역시 증가했다.

한편 2015년과 2016년에 가미시호로쵸의 움직임이 전국 언론 등에 보도됨에 따라 다소 시차를 둔 2017년에는 전국의 다른 지역으로부터의 전입자 수도 늘었다는 해석도 가능하다. 또한 그때까지 동 지역에 기부를 한 고향납세 기부자가 이주했을 가능성(특히 U턴)도 있다. 가미시호로쵸는 2015년부터 수도권과 간사이에서 고향납세 감사제를 개최했고, 기부자와의 실시간 접점을 구축하고 있다.

이상에서 살펴본 점들을 전입자의 연령대를 중심으로 좀 더 검토한다. 40세 미만을 양육세대로 구분하고, 그 세대만의 자료를 추출한 것이 <도표 5-4>다.

2016년에는 주변 세 지역으로부터의 양육세대 전입자 수가 78명

<도표 5-4> 가미시호로쵸 육아세대 전입자 수 추이(명)

	2012년	2013년	2014년	2015년	2016년	2017년
주변 세 지역	40	35	30	37	78	42
비율	66.7%	67.3%	80%	56.1%	83.9%	68.9%
주변 세 지역 이외	121	148	95	120	127	181
비율	74.7%	72.5%	64.2%	70.6%	77.4%	74.5%

주) 비율은 해당 지역에서 가미시호로쵸로 전입한 자 중 40세까지 인구 비율.
출처) 주민기본대장 인구이동보고(2012~2017)에 의해 필자 작성.

으로 전년의 37명 대비 두 배 이상 증가했고, 동 지역에서 전입자 양육세대 비율도 83.9%로 5년 만에 최고치를 기록했다. 가미시호로쵸의 육아지원책 확충은 2015년부터 본격화됐기 때문에 시기상 들어맞고, 육아지원책 확충이 주변 세 지역으로부터 양육세대를 끌어들였을 가능성이 높다고 생각한다. 그 외 지역으로부터는 2017년에 크게 증가했다.

시기는 다소 다르지만, 가미시호로쵸 전입자들을 대상으로 독자적으로 실시한 전입 이유에 관한 설문조사 결과도 확인했다(도표 5-5).

이 설문조사는 2016년 8월에서 2017년 7월까지 가미시호로쵸에 전입한 이주자를 대상으로 실시했다(유효응답수 n=269). 응답자의 특성을 보면 40세 미만의 양육세대가 약 75%를 차지했는데, 이는 <도

<도표 5-5> 가미시호로쵸 전입 이유 설문 결과

세대			이주 형태			전입 이유(복수회답)		
10대	12	4.5%	단독	226	84%	직업상 이유	206	76.6%
20대	122	45.4%	가족	43	16%	가미시호로쵸에서 살고 싶음	78	29%
30대	67	24.9%	합계		269	좋은 집이 있었기 때문	76	28.3%
40대	33	12.3%				양육과 교육 환경이 좋음	32	11.9%
50대	10	3.7%				본인 출생지임	28	10.4%
60대	10	3.7%				보육료가 무상임	24	8.9%
70대	7	2.6%				복지정책이 좋음	22	8.2%
80대	8	3%				기타	21	7.8%
합계	269					합계	269	

주) 설문조사는 2016년 8월~2017년 7월 가미시호로쵸 전입자를 대상으로 함(유효응답수 n=269).
출처) 가미시호로쵸 설문조사를 바탕으로 필자 작성.

표 5-4>의 자료와도 일치한다. 구체적인 내용을 살펴보면 단독세대가 226명(84%)이고 가족을 동반한 전입이 43명(16%)이었다. 전입 이유(복수응답)로는 '직업상 이유'가 가장 많았고(76.6%), 다음으로 '가미시호로쵸에서 살고 싶었기 때문(29%)' '좋은 집(임차)이 있기 때문(28.3%)' 순이었다. 이 응답 결과에서 가미시호로쵸 인구 증가의 최대 요인은 직업상 이유이지만, 주거환경도 일정한 영향을 주고 있음을 알 수 있다. 이는 이주에 관한 선행 연구에서 주거환경이 중요하다는 결과와 들어맞는다.

한편 육아지원책에 관한 응답은 '양육과 교육 환경이 좋음'이 32표, '보육료 무상'이 24표로, 전체 응답에서 차지하는 비율은 높지 않지만 가족을 동반한 전입자 43명을 모수로 하면 각각 74%와 55%를 차지해 영향이 크다고 할 수 있다. 또한 직장 때문에 가미시호로쵸에 전입한 단독세대도 장래 결혼이나 육아를 고려하면 그 일정 비율은 육아지원책이 충실한 가미시호로쵸에 정착할 가능성이 있다.

나카자와(2015)의 연구에서 보육원 확충이 양육세대의 이주를 촉진한다는 결과가 나왔는데, <도표 5-4>와 <도표 5-5>의 결과도 이와 들어맞는다. 한편 아베·하라다(2008)는 보육원 확충이 출생률에 영향을 줄 수 있다는 분석을 제시하지만, 가미시호로쵸에는 아직 그러한 현황은 없고 향후 출생률 상승 상황을 지켜봐야 할 듯하다. 이상을 정리하면, 당초 가미시호로쵸의 육아지원책 확충은 주변 지역의 양육세대 전입을 촉진했고, 약간의 시간차를 두고 기타 지역으로부터의 전입을 촉진하고 있다고 볼 수 있다.

4.4 홋카이도 가미시호로쵸 전출 인구 분석

다음으로 사회 증감의 또 다른 원인인 전출자 수 실태를 보자. <도표 5-6>에서 보듯 가미시호로쵸 전출자 수 추이는 고향납세 기부금

<도표 5-6> 가미시호로쵸 전출자 수 추이(명)

		2012년	2013년	2014년	2015년	2016년	2017년
홋카이도	오비히로시	69	56	73	46		36
	오토후케쵸	21	42	30	31	22	30
	시호로쵸	18	19		14	15	
주변 세 지역 합계		108	117	103	91	37	66
삿포로시		22	24	18	22	21	30
기타 시정촌		85	103	96	80	106	68
홋카이도 내 합계		215	244	217	193	164	164
홋카이도 외 합계		59	45	47	29	27	61
합계		274	289	264	222	191	225

	2012년	2013년	2014년	2015년	2016년	2017년
주변 세 지역 비율	39.4%	40.5%	39%	41%	19.4%	29.3%
홋카이도 내 비율	78.5%	84.4%	82.2%	86.9%	85.9%	72.9%
홋카이도 외 비율	21.5%	15.6%	17.8%	13.1%	14.1%	27.1%

주) 오토후케쵸와 시호로쵸에서 공란인 곳은 0명이 아님. 총무성 데이터베이스에서는 시정촌 간 인구이동이 10명 이상인 데이터만 표기하기 때문에 10명 미만의 인구이동 데이터는 공란으로 둠.
출처) 주민기본대장 인구이동보고(2012~2017)에 의해 필자 작성.

<도표 5-7> 보육세대 전출자 수 추이(명)

	2012년	2013년	2014년	2015년	2016년	2017년
주변 세 지역	64	78	67	45	20	45
비율	59.3%	66.7%	65%	49.5%	54.1%	68.2%
주변 세 지역 이외	137	132	119	95	123	116
비율	82.5%	76.7%	73.9%	72.5%	79.9%	72.3%

주) 비율은 해당 지역에서 가미시호로쵸로 전출한 자 중 40세까지 인구 비율.
출처) 주민기본대장 인구이동보고(2012~2017)에 의해 필자 작성.

이 증가하기 시작한 2014년 이후에는 감소 경향이 나타났다. 지역별로는 기존에 가미시호로쵸에서 전출자 수가 가장 많은 오비히로시가 2015년에는 46명(전년도 대비 27명 감소)에서 2016년에는 10명 미만으로 감소했고, 이러한 영향으로 2016년 주변 세 지역으로의 전출자 수는 대폭 감소한 37명이 됐다. 그리고 전입과 마찬가지로 2017년에는 조금은 작게 원래대로 돌아왔다. 그 외에는 큰 변화가 없었기 때문에 주변 지역으로 전출 억제효과가 있었다고 말할 수 있다.

앞의 전입자 수 분석과 마찬가지로 40세 미만을 양육세대로 정의하고 주변 세 지역과 그 외 지역으로의 전출자 수 추이를 분석한 것이 <도표 5-7>이다. 주변 세 지역과 그 외 지역을 살펴보면 주변 세 지역의 경우 2015년과 2016년의 양육세대 전출은 숫자와 비율 모두 감소했지만, 2017년에는 약간 원래대로 돌아왔다. 그 외 지역은 그다지 현저한 영향이 보이지 않는다. 정리하자면 고향납세 기부금에 의한 육아지원은 주변 세 지역으로의 전출을 억제하는 정주효과가 있다고 여겨지지만, 그 외 지역에 대한 전출 억제효과는 그다지 없는 것 같다.

　이러한 결과로 볼 때 주변 세 지역으로 이사를 검토하는 계층과 그 외 지역으로 이사를 검토하는 계층에게 육아지원책으로 인한 정주 촉진 효과가 각각 다르게 나타난 것을 확인할 수 있다. 사회보장·인구문제 기본조사(국립사회보장·인구문제연구소 2018)는 과거 5년간 현 주소로 이동한 이유에 대해 '주택(35.4%)' '직업상 이유(12.7%)' '결혼·이혼(12%)' '가족 동반(7%)'이 주요 이유라고 보고했다. 예를 들어 가미시호로쵸 주민이 '주택'을 이사 이유로 생각하고 있다면 육아지원책 실시 전에는 주변 세 지역도 포함해 후보지로 검토했다고 예상되지만, 육아지원책 실시 후에는 우선적으로 가미시호로쵸 내로 이사하는 방안을 검토했다고 생각된다.

　다음으로 많은 '직업상 이유'를 살펴보면, 오비히로시와 오토후케쵸·시호로쵸로 직장이 변경됐다고 해도 반드시 이사할 필요는 없기 때문에 육아지원을 받기 위해 가미시호로쵸 내에 머물고 있다고 생각할 수 있다. 직장 등의 이유로 먼 곳으로 이사가 필요한 경우는 설령 육아지원을 받고 싶다고 해도 계속 가미시호로쵸에서 거주하기 어렵고, 육아지원책이 있다는 이유로 정주하기에도 마찬가지다. 즉 육아지원책 효과는 주변 세 지역까지 이사를 검토하는 사람에게 정주효과가 있으며, 전근 등 주변 세 지역 외로 이사를 하는 경우는 그다지 효과를 기대하기 어렵다고 할 수 있다.

4.5 이주·정주에 영향 미친 육아지원책

분석 결과에서 가미시호로쵸는 2015년과 2016년 주변 지역으로부터 양육세대의 전입, 다소 시간차를 둔 2017년에는 그 외의 먼 지역에서 일부 유입이 있었다. 정주효과로는 2015년과 2016년에 주변 지역으로의 전출 억제효과가 있었지만, 먼 곳으로의 전출을 억제하는 효과는 보이지 않는다.

가미시호로쵸가 2014년 고향납세로 조달한 돈을 전액 '육아 저출산 대책 꿈기금'에 충당했으며 시기적으로 들어맞았다는 의미에서 그것이 양육세대의 이주·정주에 일정한 영향을 미쳤을 가능성이 있다.

이번 분석은 한정된 자료로 검증했다는 점과, 인구 증감에는 지역 내의 다양한 요소가 영향을 미치기 때문에 한두 가지 요소만으로 그 영향을 논의하는 데는 한계가 있다. 그러나 가설과의 관계에서 지방에서 고향납세에 의한 육아지원책의 확충은 주변 자치단체와의 인구 쟁탈을 일으킨다는 가설 ①이 어느 정도 맞지만, 주변 지역으로부터의 인구이동은 잠재적인 수요층을 확보한 후에는 지속되지 않을 가능성이 있음을 시사한다. 무엇보다 가미시호로쵸는 주요 정책인 무상 어린이집의 재적수가 정원에 도달해가고 있었다는 문제점도 있다.

한편 도시로부터 인구 유입을 일으킨다는 가설 ②는 도시에 한정할 수는 없지만 주변 이외의 지역에서 시간차를 두고 일부 이주를 촉진하는 효과가 있다고 볼 수 있다. 또한 가설 ③인 양육세대의 정주 촉진에도 일정한 효과가 있다는 것을 알 수 있다. 구체적으로는 먼 지역으로의 이주는 직장 때문인 경우가 많아 이를 억제하는 정도의 효과는 없지만, 매력적인 주거환경이나 생활이 필요해 이사하는 사람, 즉 근거리 잠재 전출자의 일정 비율을 자치단체 내에 억제해두는 효과는 있을 것이다.

다만 가미시호로쵸의 움직임은 언론에서 많이 다뤘기 때문에 이번 분석 결과가 언론보도에 의한 향상 효과에 기인했을 가능성도 있다. 언론보도가 없었다면 이 정도의 인구 유입이나 유출 억제는 실현되기 어려웠을 것이다. 이 점은 특히 2017년에 볼 수 있는 '먼 곳으로부터의 이주자 증가'를 살펴볼 때 유의할 필요가 있다.

5. 지방의 이주·정주 정책과 관계인구 증가 정책의 시사점

분석 결과에서 고향납세를 기초재원으로 한 지방의 육아지원책 확충은 이웃 지역과의 인구 쟁탈을 일으킬 가능성이 있지만 그것은 단기적인 것으로, 약간의 시간 간격을 두고 이웃 이외의 지역으로부터 이주를 불러들일 가능성과 이웃 지역으로 잠재적인 인구 유출을 억제하는 효과도 있다고 할 수 있다. 따라서 지방자치단체의 고향납세에 의한 육아지원책 확충은 어느 정도 매력적으로 비칠 가능성이 높다.

동일한 정책을 다른 자치단체에서 수평적으로 전개할 수 있을지에 대한 판단은 어렵다. 이번 분석에서 이웃 자치단체로부터의 인구 유입 효과와 이웃 자치단체로 잠재적인 인구 유출을 억제하는 효과는 어느 정도 확인할 수 있었다. 그러나 만약 많은 자치단체가 가미시호로쵸를 따라 한다면 이웃 자치단체 간에 인구 쟁탈뿐 아니라, 일본 전체적으로 인구가 감소하는 상황에서 승자가 없는 제로섬 게임에 빠질 가능성이 있다. 유의할 점은 도시에서 지방으로의 인구이동이라는 국정 과제에 대해서는 이번에 명확한 답을 얻지 못했다는 점이다. 자치단체 단위에서는 부분 최적해지만, 국가 전체적으로 보면 전체 최적해라고는 말할 수 없는 상황이다.

각 자치단체가 무엇을 해야 할지를 말하자면, 역시 본 장 전반에서 본 것과 같이 먼 곳으로부터의 방문자나 교류인구를 늘리기 위한 움직임이다. 사람을 정주시키겠다는 발상에서 여러 지역과 사람을 공유하겠다는 발상으로의 전환이다. 업무 면에서는 원격 근무, 일자리 나누기, 크라우드소싱의 증가를 적극적으로 활용할 필요가 있다. 특히 코로나19를 거치면서 이러한 움직임은 사회적 뒷받침을 받고 있는 상황이기 때문에 지방에는 유리하게 작용하고 있다.

가미시호로쵸가 자율주행버스 실증실험이나 드론에 의한 인명구조 콘테스트 실시 등으로 민간기업과 활발하게 교류를 시작하면서 방문객도 증가하고 있다. 지역 내 나이타이 고원목장에는 교류거점으로서 관광지 휴게소를 정비하고 있으며, 육아지원책 확충에만 의존하지 않는 체제 구축을 추진하고 있다.

그 밖에도 스마트시티 도입과 실증실험으로 교류인구의 증가를 도모하는 지역도 늘고 있지만, 실증실험 종료 후에 교류인구가 증가하지 않으면 의미가 없다. 대규모 정책을 통해 급격한 인구 증가로 연결시키려고 하기보다는 조금씩 두텁게 토대를 마련해가면서 지역 외에서 중장기적인 지지자를 만들어 꾸준하게 관계인구와 교류인구를 늘려나가는 것이 중요하다. 추가적으로 산·관·금 연계하에 지역 활성화를 진전시키는 것도 필요하다. 다음 장에서는 그 부분을 살펴본다.

06

고향납세에 의한 지역금융기관 기능 강화 가능성

ㅡ지역금융기관의 융자와
산업·관공서·금융기관의 연계 상황

1. 산·관·금 연계에 의한 지역균형발전 가능성

이 책 제8장에서 다룰 크라우드펀딩과 지역금융기관의 관계처럼 답례품 시장을 통한 지역 활성화에서도 지역금융기관과의 연계가 중요하다. 또한 제3장과 제4장처럼 지역사업자의 사업규모 확대와 함께 운전자금과 설비투자자금도 필요하다. 이처럼 고향납세를 통한 지역기업의 사업규모 확대는 지역금융기관 입장에서는 융자를 확대할 수 있는 기회다. 금융기관의 대출금리 개선은 전국의 모든 금융기관의 과제이나 특히 지방에서는 더욱 큰 과제다.

한편 사업자의 비즈니스 감각과 역량의 향상을 동반하지 않고 단지 고향납세 특수로 수익을 확장한 상황에서, 금융기관이 추가적으로 투자를 하면 이 제도가 종료한 시점에서는 사업자가 변제에 급급해질 가능성이 있다. 따라서 금융기관의 신중한 판단이 필요하지만, 답례품 시장이 계기가 돼 금융기관이 지원한 경우는 지역경제가 활성화된다는 측면도 있다.

한 사례로 이와테현 기타카미시의 기타카미신용금고를 들 수 있다. 마츠사키松崎(2014)의 조사에 따르면 이 신용금고는 고향납세를 계기로 지역에서 산·관·금 연계를 진행하고 있다. 저자도 2017년 5월 기타카미신용금고를 방문해 상무이사, 지역연계 담당직원과 상담한 결과, 신용금고에서 지역사업자들에게 고향납세 답례품 제공사업자 지정과 답례품용 신상품 개발 및 마케팅 방안에 대해 적극적으로 자문하고 있었다. 또한 신용금고와 거래가 없던 사업자에게도 적극적으로 접근해 융자관계를 맺기도 했다.

이처럼 고향납세 답례품을 통해 각 지역사업자의 경영을 개선하고 성장력을 강화하려고 한다면 지역금융기관을 그 계기로 활용할 수 있을 것으로 생각한다. 또한 고향납세를 기회로 지역사업자와 지역금융기관의 관계가 보다 밀접해지면 지역발전 방책으로서도 일정한 평가를 받을 수 있다. 야모리家森(2014)도 접촉 빈도가 지역사업자에 대한 영향에서 중요하다는 점을 지적한다.

이러한 점에서 본 장은 고향납세 답례품을 통해 만든 사업 기회에 대한 지역금융기관의 인식과 융자 행동을 검증하고자 한다. 구체적으로는 사례연구와 설문조사를 실시해 지역금융기관과 지역의 활성화를 위한 정책적 시사점을 제공한다.

2. 고향납세 답례품과 산·관·학·금 연계 사례

기타카미신용금고(마츠사키松崎 2014) 이외에도 고향납세에 따른 지역사업자와 금융기관의 관계 강화 및 지역금융기관의 기능 강화 사례로, 저자가 인터뷰한 니가타현 가시와자키시의 가시와자키신용금고의 사례를 소개한다. 조사는 반구조화 면접법(반구조화 면접법은 면접자가 질문 항목 전체를 추상적으로 가지고 있지만 구체적인 질문 항목 없이 실시하는 면접 방법임-옮긴이)을 사용했으며, 2018년 7월 4일 가시와자키신용금고 이사장과 지역연계 담당직원을 대상으로 실시했고 신용금고 관계처와 융자처도 방문했다.

결론부터 말하자면 가시와자키신용금고도 고향납세를 계기로 지역에서 기능이 강화되고 있다. 다만 그 내용은 기타카미신용금고와는 조금 다르다. 가시와자키신용금고는 주로 디자인을 중심으로 지역사업자 마케팅 기능 강화와 신상품 개발에 초점을 뒀다. 일반적으로 금융기관이 사업자에게 접근할 때의 대화 내용은 대부분 융자에 관한 것으로, 이때 '필요' '불필요'의 선택만 있기 때문에 사업자와 금융기관 사이에는 깊은 대화가 오가지 않는다. 그러나 마케팅과 신상품 개발과 관련된 내용은 많은 사업자가 귀를 기울이고 오히려 금융기관에 이야기를 들으러 오는 경우도 생긴다. 실제로 신상품이 개발되면 향후 융자와도 연결된다.

이 신용금고는 사업자와의 일대일 관계 강화뿐만 아니라 지역력 강화도 목적으로 했다. 가시와자키시 다카야나기쵸에서 개최한 '다카야나기쵸 디자인 공모와 매칭' 사업이 그 예다. 초기인 2013년에는 다카야나기쵸의 주조기업 상품 명칭에 대한 연구를 지역 상공회의소와 대학이 공동으로 진행했으며, 그랑프리를 수상한 디자인이 실제로 상품 명칭으로 사용됐다. 또한 주조기업은 사업 계승 문제를 안고 있었으나 신상품 명칭 개발을 계기로 사업이 활성화됐고, 외부로부터 젊은 사장을 영입한 결과 사업상 변화를 가져올 수 있었다. 그 후 신용금고도 융자를 지원할 수 있게 됐다.

다음 해인 2014년에는 매칭사업을 발전시켜 다카야나기쵸 브랜드를 전국에 알리기 위해 통일된 로고와 쇼핑백 제작을 산·관·학·금(産官學金) 연계로 실시했다. 지역에서 디자인을 배우는 대학생들이 디자인 공모에 응모했고 그랑프리를 수상한 쇼핑백 디자인은 프로 디자이너에 의해 보다 개선돼 상품화됐다. 또 다카야나기쵸 사업자가 고향납세 답례품을 배송할 때도 포장재에 이 디자인을 사용했다. 그랑프리를 받지 못한 디자인도 지역사업자에 의해 자신의 상품 디자인으로 활용되고 있다. 지역사업자에게 상품 포장디자인은 매우 중요한 과제로, 이것을 산·관·학·금 연계로 해소한 사례다.

여기서 중요한 점은 지역의 대학·사업자·상공회의소 및 지역관계자가 함께 사업을 진행했다는 점, 그리고 그 성과물을 고향납세 답례품 시장에서 활용한 점이다. 구체적인 성과물에 대해 외부평가를 받을 기회를 갖는다는 것은 매칭사업 자체를 활발하게 하며, 관련 사업자에게 동기를 부여하고, 금융기관의 융자 지원이라는 흐름을 만들 수 있다. 일반적으로 지역금융기관의 접근은 융자 위주이기 때문에 잘 작동하지 않는 경우가 많으나, 이 경우에는 반대 흐름을 활용해 지역 활성화를 실현했다. 2018년에는 이러한 시도가 가속화해 지역사업자 3사가 공동으로 지역브랜드를 의식한 신상품 개발을 진행했다. 개발된 상품은 고향납세 답례품으로 제공될 예정이다. 이 사업을 계기로 지역사업자들이 가시와자키신용금고에 비즈니스 상담을 하고 있으며 융자와도 연결되고 있다.

가시와자키신용금고 측에 따르면, 지역사업자가 고향납세 답례품 시장에 참가하는 것은 장벽이 높아서 혼자서는 진행하기 어려운데 디자인을 비롯한 여러 지원을 받음으로써 그 장벽이 낮아질 수 있다. 다카야나기쵸는 5개 회사 사업자가 신상품을 개발해 답례품 시장에 참가했다. 고향납세는 시장이 보이므로 비교적 신상품 개발을 진행하기 쉽고, 또한 금융기관에 사업자의 중장기 비전도 쉽게 전달할 수 있으므로 사업자와 금융기관 모두에게 매우 유용하다.

현재 가시와자키신용금고는 이러한 움직임을 본부 지역지원실에서 진행하지만, 향후 각 지점에서도 같은 문제의식을 가지고 운영할 수 있을 것으로 보인다. 신용금고는 정기적으로 각 지점에서 교육을 진행하며, 향후 인사평가제도 등을 이용해 신용금고 전체의 수행과제로 정착시킬 수도 있다.

3. 고향납세와 산·관·학·금 연계에 관한 지역금융기관 설문조사

여기서 인식해야 할 사실은 기타카미신용금고와 가시와자키신용금고의 접근방식이 특수한 사례인가 아니면 전국의 다른 금융기관도 고향납세 답례품 시장이 지역과 금융기관 모두에게 유용하다고 인식하고 있는가 하는 점이다. 그래서 전국 지역금융기관을 대상으로 세 가지 가설을 설정하고 설문조사를 실시해 금융기관의 인식과 행동을 확인했다. 세 가지 가설은 ①해당 지역금융기관은 고향납세가 지역사업자에게 동기부여와 효과를 주고 있다는 사실을 인식하는가 ②지역금융기관은 고향납세를 계기로 지역사업자의 기능 강화(경영 지도와 컨설팅 기능 제공)에 힘쓰고 있는가 ③지역금융기관은 고향납세를 계기로 융자를 확대하고 있는가 등이다.

3.1 조사 개요와 금융기관의 특성

2017년 8월 전국 신용조합·신용금고·제1지방은행·제2지방은행에 설문지를 우편으로 송달해 조사를 실시했다. 우송처 487곳 중 회수율은 33.9%로, 신용금고가 가장 높은 35.7%를 차지했고, 다음으로 신용조합 35%, 제2지방은행 28.5%, 제1지방은행 23.4% 순이었다. 도도부현별로 회수율을 살펴보면 전국 평균보다도 높게 회신한 지역은 야마나시현·와카야마현·시마네현·가가와현·도쿠시마현·오이타현·사가현·구마모토현이며, 전국 평균보다 낮게 회신한 지역은 아키타현·후쿠이현·사이타마현·지바현·효고현·에히메현·가고시마현이다.

고향납세는 자금이 도시에서 지방으로 이동하는 속성상 도시에서는 비판적인 보도가 많기에, 본 설문조사도 지방보다는 도시권의 회수율이 저조할 것으로 예상했으나 결과는 그렇지 않았다. 도시권에서도 사이타마현이나 지바현의 회신율은 낮았지만, 도쿄도의 회신율은 40.5%, 아이치현은 40.9%, 오사카는 35%로 전국 평균보다 높아 지역 편중은 없었다.

구체적인 질문 항목으로는 우선 각 금융기관의 융자 상황과 지방자치단체와의 포괄적인 제휴 여부를 확인하고, 고향납세를 통한 사업자 육성 효과와 산·관·금 제휴 가능성을 파악했다. 그리고 금융기관을 고향납세와 관련된 노력, 컨설팅 기능 제공 상황 및 융자 상황에 대한 지방자치단체와의 포괄적인 제휴 여부 등으로 분류해 가설을 검증했다.

3.2 지역금융기관의 고향납세 인식

우선 고향납세가 지역발전에 미치는 효과에 대한 인식을 확인했다. 응답한 금융기관 중 70.9%가 지방자치단체와의 포괄제휴 시스템을 마련하고 있지만, 고향납세가 포괄제휴에 미치는 영향에 대한 인식은 '활발했다'가 4.9%, '향후 활발할 듯하다'가 10.6%였다. 금융기관의 65.5%가 지역발전 창구를 설치하고 있지만 고향납세가 지역발전 전문팀이나 창구 설치를 가속화했다는 인식은 '그렇게 생각한다'가 1.7%, '조금은 그렇게 생각한다'가 5.9%였다. 이런 결과에 비춰볼 때 고향납세제도가 지역금융기관과 지방자치단체와의 연계를 활발하게 했다고 생각한 지역은 적으며, 금융기관 조직체계에 미치는 영향도 한정적이라는 점을 알 수 있었다.

한편 지역금융기관들은 단기적으로 '지방판 종합전략 책정'에 대한 지원, 장기적으로 '종합전략의 추진'과 '지역기업 종합지원'을 예상(기무라木村 2015)하고 있었는데, 고향납세가 지방자치단체의 지방판 종합전략 수립에 기여하는지를 묻는 질문에는 40% 이상의 금융기관이 긍정적으로 응답했다. 지역금융기관은 고향납세를 잘 활용하면 자신의 역할을 강화시킬 수 있다고 인식한 것이다.

고향납세 답례품 제공에 대해서는 금지해야 한다고 대답한 곳은 3.8%에 그쳤고, 71.3%는 답례품 제공이 '특별한 문제가 없다'라고 대답했다. 지역금융기관은 답례품 제공이 지역경제에 공헌한다고 인식하고 있다고 말할 수 있다. 또한 도시에서 고향납세에 대한 비판이 높기 때문에 설문 결과를 도시금융기관과 지방금융기관으로 나누어 분석했지만, 결과에서는 큰 차이를 보이지 않았다.

3.3 고향납세가 지역사업자와 지역경제에 미치는 영향 인식

고향납세가 지역사업자의 경영력 강화에 기여하는지를 '산·관·금 연계 촉진' '창업 촉진' '대출 향상에 기여' '답례품 사업자 비즈니스력 향상'의 네 가지 항목으로 문의했다(도표 6-1).

　우선 고향납세에 의한 '산·관·금 연계 촉진'에 대해 지역금융기관의 45.8%가 '그렇게 생각한다'와 '다소 그렇게 생각한다'로 긍정적으로 평가했다. 다만 '대출 향상에 기여'에 대해서는 13.5%, '창업 촉진'은 3.7%만이 긍정적으로 대답했다. 이처럼 산·관·금 연계 촉진에 대한 기대는 있지만 대출 향상과 창업처럼 눈에 보이는 경제활동에 미치는 효과까지는 아직 기대하지 않고 있음을 알 수 있다.

<도표 6-1> 지역금융기관에 문의한 고향납세 효과

	그렇게 생각한다	다소 그렇게 생각한다	별로 그렇게 생각하지 않는다	그렇게 생각하지 않는다
산·관·금 연계 촉진	3.7%	42.1%	47%	7.3%
창업 촉진	1.2%	2.5%	47.8%	48.4%
대출 향상에 기여	1.2%	12.3%	51.5%	35%

또한 답례품을 제공하는 사업자의 역량과 경영 능력 향상에 대한 금융기관의 인식을 확인하기 위해 <도표 6-2>처럼 각 항목에 대해 5점 만점으로 수치화했다. 그리고 지역발전에 고향납세가 어느 정도 기여하는지에 대해 설문해 <도표 6-3>에 그 결과를 나타냈다.

<도표 6-2>와 <도표 6-3>의 결과에서 보면, 지역금융기관은 답례품 제공사업자의 신상품 개발 의욕, 상품 디자인력, 지역 평판, 고객 만족도 4개 항목에서 향상 또는 개선이 있다고 인식했다. 지역 효과로는 신규사업 개발, 지역 외 판매처 확대 및 도시 프로모션에 효과가 있다고 인식했다. 이 점에서 신규사업을 실현하기 위해 넘어야 할 최대 장벽은 자금이 아니라 인재라는 야모리家森(2014)의 지적처럼 지

<도표 6-2> 고향납세를 통한 답례품 제공사업자의 비즈니스력 향상 효과
(지역금융기관의 인식, %)

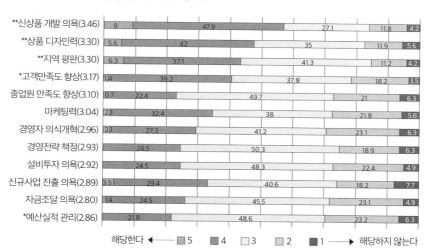

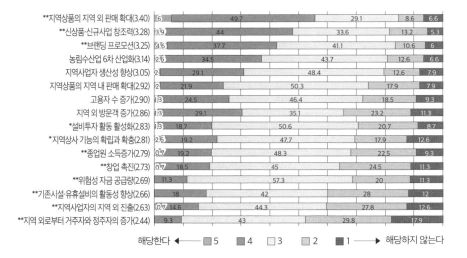

<도표 6-3> 고향납세에 의한 지역발전효과(지역금융기관의 인식, %)

해당한다 ← ■5 ■4 □3 □2 ■1 → 해당하지 않는다

주) <도표 6-2>와 <도표 6-3> 모두 회신 수는 회신이 없는 경우가 있기 때문에 질문 항목에 따라 다름. n이 145를 하회하는 질문 항목은 없음. 5점 만점으로 1점이 떨어짐. ( )는 평균값을 나타냄. **와 *는 Wilcoxon 평균점의 중간값인 3점부터 각각 1% 수준과 5% 수준의 유의값이 있음.

역금융기관이 사업자를 지원할 수 없는 상황을 고향납세에 기대하는 점은 흥미롭다. 한편으로 이주·정주 촉진과 위험성 자금 공급 증가에 대해서는 회의적인 견해도 있었다.

정리하자면 지역금융기관의 고향납세에 대한 인식은 지역사업자와 지역경제에 일정한 효과가 있지만 정주나 이주, 위험성 자금 공급 증가까지는 연결되지 않았다. 위험성 자금에 대해서는 앞의 '대출 향상에 기여'에서 긍정적으로 대답한 것과 같은 결론이다. 이상에서 가설 ①은 거의 검증됐다고 말할 수 있다.

3.4 답례품 제공사업자 융자 현황

가설 ②와 ③에서는 고향납세에 의한 지역금융기관 기능 강화와 융자 상황을 확인할 수 있다. 우선 전체 금융기관의 32.1%가 답례품 제공사업자로부터 자금순환 이외에 상품개발, 생산체제 확립, 마케팅 기법 등에 대한 상담을 받았다고 대답했다. 실제로 컨설팅 서비스를 제공했는지는 이번 설문조사에서 확인할 수 없었으나, 지역사업자가 지역금융기관에 융자 이외의 상담을 한 것은 정부와 금융청이 지역금융기관에 기대하는 융자 이외의 부가 서비스 및 경영 자문 서비스 제공과 연결될 수 있다.

다음은 금융기관의 심사에 대해 살펴봤다. 어떤 이유로든 고향납세제도가 종료한 경우 사업자에 대한 융자 회수가 가능할지를 우려하는 의견도 있어서, 그것이 금융기관의 융자 심사에 어느 정도 영향을 미칠 소지가 있었다. 그러나 조사 결과 '답례품 제공사업자에 대해 신규 또는 추가 융자는 기존 이상으로 심사기준을 엄격히 했다'고 대답한 금융기관은 5.2%밖에 없었고, '설비투자 목적의 심사만 엄격히 했다'는 대답이 23.4%, '기존대로 심사했다'가 46.1%로 절반 정도를 차지했다. 이러한 결과에서 보듯 지역금융기관은 고향납세가 종료된 뒤에도 답례품 제공사업자에게 일반적인 경우보다 심사를 엄격하게 하지는 않았다. 다만 설비투자에 대해서는 4분의 1 정도의 지역금융기관이 신중하게 대응했다.

다음은 융자 심사를 살펴봤다. 지역금융기관에 의한 고향납세 답례품 제공사업자에 대한 융자에 대해서는 20.8%가 '적극적으로 융자한다'고 대답했다. '고향납세제도가 종료한 이후의 행태를 우려하기 때문에 융자에 신중한 자세'라는 대답은 2% 이하였다. 그리고 절반 정도인 47.2%가 '국가의 규제 정도를 고려하면서 운전자금 융자 가능성을 검토한다'고 대답했다.

심사와 융자도 보통과 같았음을 확인할 수 있었지만, 실제 융자 상황은 어떠했는지를 살펴봤다. 회신한 금융기관의 5%가 고향납세를 계기로 신규고객을 확보해 신규융자를 실시했고, 7.2%가 기존 거래사업자에게 추가 융자를 실시했다. 즉 고향납세를 계기로 한 융자 증가는 크지 않았다.

사업자 측 자금수요 여부에 대해 응답 금융기관의 39.6%가 답례품 제공사업자의 자금융통에 대해 상담을 받았다고 대답했다. 즉 약 40%의 지역금융기관이 답례품 제공사업자로부터 융자 상담을 받았음에도 신규 또는 추가 융자를 한 지역금융기관은 10%도 안 됐다. <도표 6-2>처럼 지역금융기관은 고향납세를 계기로 한 위험성 자금의 공급 증가에 대해 회의적이었음과 일치한다. 그러나 대부액 증가나 대출 향상이 과제인 지역금융기관에서 융자 상담이 증가했음에도 실제로 융자를 하지 않은 상황을 어떻게 해석할 수 있을까? 만일 금융청에서 지역금융기관에 기대하는 금융 중개 기능을 분석해 이 기능을 개선시킬 수 있다면 위의 상황은 지역금융기관에 유용한 기회가 될 수 있다.

이에 대해서는 사업자가 금융기관에 융자 상담을 한 후 실제 융자까지는 시간차가 날 수밖에 없음이 원인일지 모른다. 그러나 <도표 6-3>에서 볼 수 있듯이 향후 융자 증가를 기대하는 지역금융기관의 비율이 높지 않기 때문에 시간차가 원인은 아닌 듯하다. 또한 심사와 융자가 특별히 엄격해진 상황은 아니다.

고려할 수 있는 원인 중 하나는 지역금융기관이 고향납세 답례품 제공사업자를 대상으로 한 융자에 대해 어떤 이유에서든 상황을 지켜보는 중이라는 것이다. 다른 하나는 자금운영 상담을 하고자 한 사업자의 여신이 일반적으로 낮다는 점이다. 만약 후자라면 고향납세 답례품 시장은 지역에서 신용력이 낮은 기업의 연명을 가능하게 할 수 있다. 그것이 단지 연명에 지나지 않을 경우는 소위 좀비기업을 만들게 되며, 역으로 이것이 계기가 돼 신용력이 낮은 기업의 경영력 강화로 연결된다면 지역의 경제기반이 강화될 수 있다. 답례품 제공사업자의 경영 상황에 대해서는 향후 정성적·정량적 요인 모두를 조사할 필요가 있다.

이상의 설문 결과에 기초해 가설 ②와 ③을 검증했다. 우선 가설 ②에 대해 30% 이상의 지역금융기관이 답례품 제공사업자에게 자금운영 이외의 상담을 받은 점을 착목해야 한다. 일반사단법인 전국은행협회(2016)는 지역발전에 요구되는 금융기관의 역할로 '통찰력을 갖춘 인재의 육성' '적극적인 기업 수요의 발굴' '지역 특성에 따른 컨설팅 기능의 발휘'라는 세 가지를 제언한다. 답례품 제공사업자가 융자 이외의 상담 목적으로 지역금융기관에 컨설팅을 요구하기 위해 방문한 상황은 그야말로 이들 세 가지 역할을 발휘할 수 있는 기회다. 이번 설문조사에서는 컨설팅 기능을 제공하는지 여부를 직접 검증하지 않지만, 지역금융기관의 신규 융자처 확보 수와 융자 상황, 각종 인식을 고려하면 그러한 상황은 아직 없다고 볼 수 있다. 따라서 가설 ②가 실현되고 있다고 말하기는 어렵다.

또한 이들 사업자 측의 상담이 잘 활용되지 않은 배경에는 금융기관의 인사평가 내용이 영향을 미치고 있을지도 모른다. 야모리家森 (2018)가 실시한 지역금융기관 지점장에 대한 설문 결과를 보면 인사평가에서 가장 중요한 점은 신규대출이며 다음으로 기존 대출의 확대이고, 대출처 경영지원이 그다음을 차지한다. 이처럼 대출이 만능인 인사평가에서는 컨설팅 기능의 강화가 쉽지 않다.

그리고 가설 ②와 ③을 더욱 면밀하게 분석하기 위해 금융기관 종류별로 상세하게 설명한 것이 <도표 6-4>다. 도표를 보면 지방자치단체와 포괄제휴한 금융기관 쪽이 융자 상담과 그 외의 상담도 많았음을 알 수 있다. 도시 금융기관에서는 융자 이외의 상담은 적었고, 고향납세는 역시 지방에서 영향이 큰 것으로 보인다.

신용조합과 신용금고의 경우는 조합원 자격이 중소기업(신용금고는 종업원 300명 이하 또는 자본금 9억 엔 이하의 사업자, 신용조합은 종업원 300명 이하 또는 자본금 3억 엔 이하의 사업자만을 대출처로 함)이므로 비교적 규모가 큰 사업자는 스스로 지방은행과 상담해야 하는 상황을 고려할 수 있다. 이 점에서 향후 고향납세의 답례품 제공사업자 규모를 포함한 특성 분포를 실시할 필요가 있다. 또한 상담 측면에서도 사업지역이 넓고 전국의 지역은행 네트워크망을 활용할 수 있는 지역은행 쪽이 성공사례를 많이 갖고 있을 것으로 기대된다. 그리고 융자는 모든 지역은행과 신용금고가 실시하지만, 신용조

<도표 6-4> 고향납세 관련 지역금융기관의 융자 상황과 사업자 상담 상황

		포괄제휴 있음(n=117)		없음(n=48)		도시(n=35)		지방(n=130)	
1. 자금조달과 융자상담 받음	있음	53	45.3%	10	20.8%	5	14.3%	58	44.6%
	없음	58	49.6%	38	79.2%	27	77.1%	69	53.1%
	미회신	6	5.1%	0	0%	3	8.6%	3	2.3%
2. 상기 1 이외 사업상담 받음	있음	45	38.5%	6	12.5%	5	14.3%	46	35.4%
	없음	66	56.4%	42	87.5%	27	77.1%	81	62.3%
	미회신	6	5.1%	0	0%	3	8.6%	3	2.3%
1과 2 모두의 상담 받음		40	34.2%	4	8.3%	4	11.4%	40	30.8%
3. 고향납세 계기로 신규융자 실행	있음	8	6.8%	0	0%	0	0%	8	5.9%
	없음	103	88.1%	48	100%	34	97.1%	117	86.7%
	미회신	6	5.1%	0	0%	1	2.9%	10	7.4%
4. 고향납세 계기로 추가융자 실행	있음	10	8.5%	1	2%	0	0%	11	8.2%
	없음	95	81.2%	47	98%	31	88.6%	111	82.2%
	미회신	12	10.3%	0	0%	4	11.4%	13	9.6%
3과 4 모두의 융자 실행		4	3.4%	0	0%	0	0%	4	3.1%

		신용조합(n=41)		신용금고(n=97)		지역은행(n=27)	
1. 자금조달과 융자상담 받음	있음	12	29.3%	36	37.1%	15	55.6%
	없음	29	70.7%	58	59.8%	9	33.3%
	미회신	0	0%	3	3.1%	3	11.1%
2. 상기 1 이외 사업상담 받음	있음	7	17.1%	30	30.9%	14	51.9%
	없음	34	82.9%	65	67%	9	33.3%
	미회신	0	0%	2	2.1%	4	14.8%
1과 2 모두의 상담 받음		7	17.1%	25	25.8%	12	44.4%
3. 고향납세 계기로 신규융자 실행	있음	0	0%	4	4.1%	4	14.8%
	없음	41	100%	92	94.9%	18	66.7%
	미회신	0	0%	1	1%	5	18.5%
4. 고향납세 계기로 추가융자 실행	있음	0	0%	7	7.2%	4	14.8%
	없음	41	100%	84	86.6%	17	63%
	미회신	0	0%	6	6.2%	6	22.2%
3과 4 모두의 융자 실행		0	0%	2	2%	2	7.4%

주) 도시권은 도쿄·사이타마현·지바현·오사카현·아이치현의 금융기관이며, 지방은 그 외 도도부현의 금융기관임. 지역은행은 제1지역은행과 제2지역은행을 모두 포함함.

합은 실시하고 있지 않다.

고향납세를 계기로 신규 개척 융자를 실시한 금융기관은 모든 지방자치단체와 포괄제휴를 맺고 있다. 마찬가지로 추가 융자도 하나의 사례를 제외하고, 지방자치단체와 포괄제휴를 맺은 금융기관이 실시하고 있다. 그리고 이들 융자는 모두 도시가 아닌 지방에 위치한 지역 금융기관에서 실시하고 있다. 즉 지방자치단체가 주체가 된 고향납세는 기업 대 금융기관이라는 기존의 융자 구조가 아니라 산·관·금 연계의 소지가 있는 지역의 금융기관이 적극적으로 사업자 지원을 한다고 말할 수 있다. 그리고 응답한 금융기관의 70%는 지방자치단체와 포괄제휴를 맺고 있고 신규융자와 추가융자의 수가 적기 때문에 이를 일반화하는 것은 좀 이르지만, 지역금융기관과의 포괄적 제휴가 없는 지역은 우선 이를 실현하고 나서 고향납세에 도전하거나 동시에 병렬적으로 시도하는 것이 바람직하다.

즉 지방자치단체와 포괄적 제휴를 하는 지방자치단체는 고향납세에 의해 금융 기능이 강화됐다고 볼 수 있고, 가설 ②와 ③은 이들 지역에서 일부 채택된 것으로 보인다. 또한 금융기관별로는 지역은행과 신용금고에서 가설 ②와 ③이 일부 적용 가능하다고 볼 수 있다.

마츠사키松崎(2014)는 '고향납세제도는 지역상품의 판로확대·정보발송, 지역 내에서 연계된 지역의 매력 만들기 등 지방공공단체와 신용금고가 연계해 지역 활성화를 만드는 계기로 작용할 가능성이 있다'고 얘기하지만, 이번 조사에서 지역금융기관은 아직 그 기회를 활용하지 못하고 있다고 판단했다. 이 점에서 지방자치단체가 지역금융기관에 적극적인 활용을 주지시킬 필요가 있다.

4. 정책적 시사점

본 장은 고향납세를 계기로 한 지역에서의 산·관·금 연계효과에 관해 지역금융기관을 대상으로 실시한 설문조사를 근거로 상호분석 방법을 이용해 검증했다. 고향납세가 일본에서 시행된 지 10년이 경과했고 시장 규모가 확대돼 각 지역에 미치는 영향이 커지고 있다. 제도적으로 도시에서 지방으로 자금이 이동하는 측면이 있는 점과 지방자치단체 간 경쟁을 촉진하도록 설계돼 있기 때문에 모든 지방자치단체가 공평하게 혜택을 받을 수 있는 상황은 아니다. 또한 국제적으로도 사례가 없는 제도이기 때문에 일본은 독자적인 최대값을 설정해야 할 필요가 있다. 이번 조사에서는 정부 중요 과제인 지역금융기관의 기능 강화에 고향납세가 기여하고 있는지와 그 가능성을 검토했다. 그 결과 다음의 세 가지 정책적 시사점을 얻을 수 있었다.

첫 번째는 40% 정도의 지역금융기관은 고향납세 답례품 제공사업자로부터 융자 상담을 받았지만 융자가 증가했는지까지는 알 수 없었다. 지역금융기관이 고향납세제도 자체에 대한 상황을 지켜봤을 가능성과 융자를 희망하는 사업자 여신에 대해 만족하지 못했을 가능성도 있다. 또한 30% 정도의 지역금융기관은 융자 이외의 비즈니스 상담을 하고 있다. 이러한 상황은 컨설팅 기능 강화를 요구하는 지역금융기관에 사업 기회를 제공하며, 고향납세는 지역에서 사업자와 지역금융기관의 접점을 만들어줄 수 있다. 그러나 지역금융기관 측이 이를 적극적으로 활용하려는 분위기는 만들어지고 있지 않았고, 지역 산·관·금 연계가 가속화하는 상황은 아니다. 이 부분은 향후 과제로 남아 있다.

두 번째는 이러한 상황에서 지방자치단체와 포괄제휴를 하는 지역금융기관이 고향납세를 계기로 신규융자와 추가융자를 실시하고 있으며 융자 상담 비율도 이들 지역금융기관 쪽이 높았다. 산·관·학·금의 협력을 통해 지역발전 실효성이 높아질 것이라는 일본은행(2015)의 지적과 일치한다.

세 번째는 지역금융기관들이 고향납세가 지역사업자의 신상품 개발 의욕과 디자인력을 높이고 종업원 만족도 향상에 기여한다고 인식하고 있지만, 이주·정주와 지역 위험성 자금의 공급 증가로 연결될 것이라는 인식은 갖고 있지 않았다. 이 점에서 지역금융기관이 고향납세에서 발생할 수 있는 사업 기회를 충분히 활용하지 못하고 있음을 알 수 있다.

이번 조사에서 고향납세를 계기로 지역사업자가 금융기관에 융자와 그 외의 비즈니스 상담을 하고 있으며, 이러한 점은 정부와 전국은행협회가 기존에 지적한 지역금융기관의 새로운 비즈니스모델과도 연결될 수 있다. 설사 융자가 어려울 경우에도 답례품 사업에 대한 정보 제공이나 컨설팅 활동을 통해 사업발전에 공헌하는 것도 중요하다. 그 결과 본업인 융자 활동과 연계함으로써 지역금융기관과 사업자 간의 관계를 돈독히 할 수 있다. 즉 고향납세를 기회로 비즈니스 매칭과 컨설팅 등 소프트 측면에서의 지원이 본업인 융자와 연결되는 것은 중요하다.

향후 연구 과제로 지역금융기관이 고향납세와 어떠한 관계를 가질 것인지 사례 축적이 필요하다. 이로써 산·관·금 연계가 지역 특성과 지방자치단체 및 지역금융기관과의 사이에서 포괄제휴에 크게 의존할 것인지와 다른 지역에도 보편적으로 적용 가능할지를 예상할 수 있다. 지방자치단체와 금융기관의 적극적인 논의를 바라는 바다.

중소기업과 지방기업에 유용한 구매형 크라우드펀딩 - 제7장

중소기업과 지방기업에 유용한
구매형 크라우드펀딩

—크라우드펀딩의 가능성과 과제

1. 고조되는 크라우드펀딩에 대한 기대

개인으로부터 소액의 자금을 인터넷상에서 모집해 신상품 개발과 지역 과제 해결을 위해 활용하는 크라우드펀딩(CF)이 일본에 도입된 후 상당한 시간이 흘렀다. CF는 크게 '투자형'과 '비투자형'이 있으며, 특히 비투자형 중 하나인 구매형 CF가 벤처기업과 중소기업에 동기부여를 하고 있어 CF를 통한 지역발전의 기대가 높아지고 있다. 물론 구체적인 내용에 대해서는 추가적인 연구가 필요한 상황이다. 본 장에서는 구매형 CF가 중소기업과 지방기업의 사업 능력을 어떻게 향상시키고, 그것이 지역발전과 지역 활성화에 어떠한 영향을 미치는지를 중점적으로 검토한다.

일본에서는 사업 승계, 창업 지원, 이노베이션 창출 및 지역 과제 해결을 위해 CF에 큰 기대를 갖고 있다. 내각부는 '생애 활력 마을'이라는 안정적인 사업기반 확립을 위해 CF 활용을 제안했다. 도쿄도는 창업자가 소셜비즈니스 분야에서 신상품·서비스 사업에 도전할 때에 CF를 활용하면 그 절반을 지원하는 사업을 시작했다. 다른 지방자치단체들도 독자적으로 CF를 활용한 창업 지원과 지역 과제 해결 시스템을 만들어가고 있다. 국토교통성 또한 관광시설의 개축사업과 빈집 및 오래된 민가의 재생사업에 CF를 활용하고 있다.

이처럼 여러 방면에서 CF에 대한 기대가 높아지고 있다. 특히 기업에서는 신상품·서비스를 개발할 경우 구매형 CF를 가장 많이 사용한다. 구매형 CF는 일반적으로 벤처기업과 지방 중소기업처럼 자본력이 없는 기업이 주로 아이디어를 이용해 상품을 출시할 때에 활용하는 시스템으로 인식된다.

한편 인기 있는 구매형 CF 사업 중에는 해외 구매형 CF에서 성공한 상품을 수입한 사례와 대기업이 참여한 CF 사례가 있다. 이제까지 상품력과 자본력을 갖춘 기업이 구매형 CF에 참가했을 경우 다른 기업에 미칠 수 있는 영향에 관한 연구가 없었다. 만일 이들 기업의 영향력과 존재감이 크다면 본질적으로 일반 인터넷 쇼핑몰(전자상거래 시장)과 가깝게 운영될 수 있기 때문에 향후 자본력이 낮은 기업이 구매형 CF를 활용하기 곤란하게 될 수 있다.

CF 시장은 최근 급속하게 확대되고 있고 또 다양화·세분화되고 있어 그만큼 현황 파악과 최적 활용에 대한 이해의 중요성이 높아지고 있다. 이 장에서는 구매형 CF 사업의 내용과 실태를 분석해 실무자(특히 자금조달을 하는 사업자)와 정책담당자(CF를 통한 창업 지원과 지역발전을 추진하려는 주체)에게 실무적이고도 정책적인 시사점을 제공하고자 한다.

1.1 크라우드펀딩이란

CF는 세계적으로 주목받는 자금조달 수단이다. 금융심의회(2013)는 CF를 '신규·성장기업과 자금제공자를 인터넷으로 연결해 다수의 자금제공자로부터 소액의 자금을 모집하는 구조'라고 정의했다. 그리고 세계 제일의 통계조사 데이터 플랫폼인 독일의 스태티스타(Statista)는 2019년 전 세계 크라우드펀딩 시장 규모가 약 139억 달러이고, 2026년에는 약 398억 달러까지 성장할 것으로 예측했다.

CF에 관한 해설과 논의는 여러 책에서 다루고 있으므로, 본서는 논의의 전개상 필요한 범위만 살펴보고자 한다. CF는 크게 두 종류가 있다. 하나는 금전적인 수익을 목적으로 자금제공자(=투자자)가 자금조달자(=사업자)에게 자금을 제공하는 '투자형(융자형과 주식형)'이다. 금융상품성이 크기 때문에 이를 취급하는 플랫폼사업자는 금융상품거래법의 규율 대상으로, 금융상품거래업자 등록이 필요하다. 그리고 플랫폼사업자인 CF 운영회사가 기업과 투자자 사이를 중개한다.

투자형 중 '융자형'은 자금을 조달하고자 하는 개인과 기업이 자금의 용도와 금리·반환기한 등을 사이트상에 게재하고, 자금제공자는 그 게재 정보를 보고 융자한다. '주식형'은 인터넷을 통해 소액의 주식을 판매하는 유형으로, 2015년 금융상품거래법 개정으로 2017년부터 시행되고 있다.

다른 하나는 금전적인 수익을 목적으로 하지 않는 '비투자형'으로, '구매형'과 '기부형' 두 가지가 있다. 이들은 금융상품으로서의 성질이 없기 때문에 금융상품거래법의 규율 대상이 아니다. 구매형은 자금조달자가 구매자로부터 모금한 자금을 활용해 제품을 개발하고, 그 대가로 구매자에게 완성된 제품을 제공한다(도표 7-1). 이 방식은 상품 개발에 필요한 자금을 여러 사람이 제공하고 그 대신 완성품을 받아 가기 때문에 사실상 공동구매에 가깝다. 최근에는 대기업이 상품과 아이디어를 테스트 마케팅 하는 용도로 활용하고 있다(Adhikary et al. 2018).

기부형은 기부금을 모집하는 개인과 NPO법인에 금전적 수익을 기대하지 않고 자금을 제공하는 유형이다. 일본에서는 일찍이 '재팬 기빙(Japan Giving)'이라는 기부 전용 CF 플랫폼이 있었지만 현재는 운영하고 있지 않다. 최근에 구매형 플랫폼에서 기부형을 함께 취급하거나 후술하는 고향납세 시스템을 이용한 기부형 CF가 등장하고 있다.

구매형 CF를 통한 자금조달 방법으로는 '목표 달성(all or nothing)'형과 '실시 확정(keep it all)'형이 있다. 전자는 자금 모금 목표액을 달성하지 못할 경우 자금조달자에게 자금을 전해주지 않고 사업을 종료시킨다. 자금제공자는 전액의 자금을 조달받을 때에만 자금 제공약속을 이행할 의무를 가진다. 후자는 목표액을 달성하지 못한 경우에도 자금을 제공한다. 이 유형은 처음부터 목표금액을 사업별로 나눠서 표기해 우선순위를 정한 경우가 많다.

<도표 7-1> 구매형 CF의 일반 구조

출처) 저자 작성.

1.2 구매형 크라우드펀딩의 시장 규모와 추이

<도표 7-2>는 최근 구매형 CF 시장 규모의 변화를 나타낸다. 기부형 CF 시장은 규모가 작아 전체 CF 시장에 영향을 미치지 않고 있다. 융자형 CF도 사이트 운영자의 연이은 부정행위(담보가치평가의 누락이나 목적 외 자금 유용 등)와 이에 따른 금융청의 행정처분으로 시장 규모가 상당히 축소됐다. 그리고 그 내용도 기업에 대한 대여보다는 부동산 투자 목적의 대출이 대부분이었고, 기업의 운전자금이나 성장 자금으로는 거의 활용되지 않았다. 투자형 CF도 일본에 도입된 지 얼마 되지 않았기에 시장 규모가 작다.

한편 구매형 CF 시장은 규모가 확대되고 있으며, 다음과 같은 CF 운영 시스템을 갖추고 있다. 자금조달 주체와 자금제공자는 구매형 CF 전용 사이트에서 매칭할 수 있다. 일본의 구매형 CF 사이트로는 '캠프파이어(Campfire)' '그린펀딩(GREEN FUNDING)' '마쿠아케(Makuake)' '레디포(Readyfor)'(알파벳순) 등 4개가 잘 알려져 있다. 자금조달 주체는 일반적으로 구매형 CF 사이트에서 조달금액의 17~20%를 수수료로 받는다. 각 사이트는 전문적인 취급 분야가 있다. 캠프파이어는 엔터테인먼트와 이벤트 상품을 많이 다루고, 그린펀딩과 마쿠아케는 가젯(Gadget)이라고 불리는 새로운 테크놀로지 분야의 신상품을 주로 취급한다. 레디포는 사회 과제 해결형 사업을 많이 다루고, 때로는 기부형 CF도 취급한다.

최근에는 구매형 CF의 성장세가 더 빨라졌다. <도표 7-2>에서 알 수 있듯이 구매형 CF 시장은 매년 약 50%씩 성장하고 있다. 저자의 예상으로는 대형 CF 사이트 마쿠아케를 운영하는 주식회사 마쿠아케의 2020년 결산 실적은 전년도 대비 250% 이상 성장할 전망이다. 구매형 CF가 도약 단계(Chasm)를 뛰어넘어 확장기에 들어갔다고 판단할 수 있다. 신상품·서비스를 개발하고 싶어 하는 기업과 개인, 미국 구매형 CF 사이트에서 가져온 수입 상품, 아시아 기업 상품의 증가, 대기업의 CF 사이트 활용 증가가 이러한 상황을 견인하고 있다.

<도표 7-2> 구매형 크라우드펀딩 시장 규모의 추이

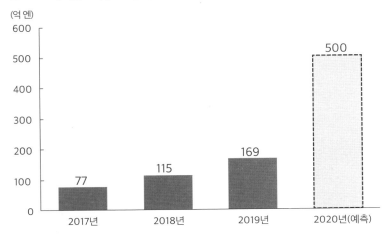

(억 엔)

출처) 일반사단법인 일본크라우드펀딩협회 『크라우드펀딩 시장조사보고서 20200619』.
주) 2020년 각종 데이터로부터 필자 예측으로 표시함.

1.3 구매형 크라우드펀딩 사업자의 낮은 경영 리스크

벤처기업과 중소기업이 구매형 CF를 자주 이용하는 이유 중 하나
는 구매형 CF를 통한 상품 제조 프로세스가 다른 프로세스와 비교해
서 제조업자의 리스크를 감소시키면서도 신제품이나 서비스의 개발
을 용이하게 하기 때문이다. 또한 구매형 CF를 활용해 성공한 기업이
EC(인터넷 쇼핑몰)에 진출해 성공하는 사례가 등장할 정도로 인터넷
쇼핑몰로 가는 디딤돌 역할을 해준다.

　<도표 7-3>은 기존의 신상품 개발과 구매형 CF를 활용한 신상품
개발 흐름을 비교하고 있다. 구매형 CF는 우선 수요파악 단계부터 잠

<도표 7-3> 신상품 개발에서 판매까지의 차이(기존형 CF vs 구매형 CF)

단계	기존형 CF	구매형 CF
상품 아이디어	• 보유자금과 자원의 제약하에서 상품을 개발	• 자금과 자원의 제약 없이 상품을 개발
수요조사 소비자 요구 파악	• 각종 조사와 소비자 앙케트로 소비자의 수요 확인 • 각종 조사 결과의 정보는 최신 정보가 아닐 수 있음 • 앙케트 회답자는 잠재적인 고객이 아닐 수 있음	• 구매형 CF 사이트에 상품 아이디어를 제시해 출자자 모집 • 출자자=구매자. 잠재적인 고객 수요를 직접 파악 가능 • 목표금액(주문 수)에 도달하지 못할 경우 취소 가능
제조 시작	• 현금흐름 면에서 먼저 현금을 사용해야 함 • 제조를 외주할 경우 생산 최소 수주 건수를 정해야 함(잉여재고 문제 있음)	• CF 사이트상에서 주문을 가시화할 수 있기 때문에 금융기관에서 융자받기 쉬움 • CF상에 주문한 수량만을 제조하므로 재고 문제 없음
판로	• 제조자는 판로를 가지고 있지 않기 때문에 도매상을 경유함	• CF에서 직판하기 때문에 유통업자에게 마진을 지불할 필요 없음 • 다만 CF 플랫폼에 17~20%의 수수료를 지불함
고객 대응 → 제품 개량	• 판매현장(소매점)에서의 고객 반응이 제조업자에게 전달되지 않음 • 제조 개선에서 고객 의견이 반영 안 됨. 반영되더라도 시간차가 발생함	• 구매자의 반응이 직접 CF상에 나타남 • 제2의 신상품, 제3의 신상품 소개도 가능함(고객 확보 가능)

출처) 필자 작성.

재적인 구매자에게 직접적으로 접근할 수 있는 장점이 있다. 그리고 제조업자는 구매형 CF를 활용해 아이디어를 반영한 신상품을 제조·개발하기도 전에 주문을 확인할 수 있기 때문에 재고 위험을 피할 수 있다. 또한 초기 제조 단계에서의 현금흐름이 마이너스인 점은 기존의 신상품 개발이나 구매형 CF를 활용한 개발 모두 동일하지만, 구매형 CF는 주문 수를 예상할 수 있기에 판매대금의 회수 전에 금융기관의 융자를 받기 쉽다. 그리고 사실상 직판이기 때문에 도매상 등 유통업자에게 불필요한 마진을 지불할 필요가 없다.

다만 제조업자는 CF 플랫폼에 조달금액의 17~20%를 수수료로 지불하고 있다. 그러나 제조업자가 CF 플랫폼을 통해 최종 고객과 직접적인 접점을 확보해 고객 피드백을 얻을 수 있다는 점과 재구매로 연결시킬 수 있다는 점을 감안하면 유통업자에게 마진을 지불하는 방법보다 이익이 크다고 할 수 있다.

1.4 중소기업과 지역의 발전에 미치는 영향

이러한 변화는 특히 중소기업에는 힘의 균형 면에서 커다란 변화를 가져왔다. 기존에는 실적이 부족한 중소기업은 신상품 아이디어가 있어도 금융기관에 융자 의뢰, 제조 외주 및 유통업자에 판매 의뢰 등 모든 면에서 교섭력이 약했기에 만족할 만한 비즈니스 조건을 선택할 수 없었고, 때로는 거절당하는 경우도 많았다. 그러나 구매형 CF는 먼저 주문을 받기 때문에 비즈니스 이해관계자 간에 힘의 균형이 역전될 수 있다. 자금조달 면에서도 장점이 있고, 하청을 받는 지방기업일수록 변화의 정도가 크다고 할 수 있다. 이 때문에 구매형 CF에 의한 지방발전 효과는 다양한 측면에서 논의가 가능하다.

실제로 지방기업이 구매형 CF를 통해 대기업과 자본 제휴에 이른 사례도 등장했다. 와카야마현 벤처기업 그래피트(glafit)주식회사는 2017년 구매형 CF 사이트인 마쿠아케에서 여러 상품의 제조를 위한 자금조달에 성공했고, 그 후에도 야마하 발동기 회사와 자본제휴에 성공했다. 구매형 CF가 벤처기업·중소기업 및 대기업 모두에게 새로운 상품 제조 기회를 제공했다고 할 수 있다.

상품 제조 외에도 2017년 오이타현 벳푸시에서 실시한 구매형 CF '온천~유원지' 프로젝트는 지역 유원지를 온천화하는 아이디어로 전국 뉴스에 많이 보도돼 벳푸온천의 인지도를 높였다. 그 밖에 구매형 CF를 통해 지역 방문객을 증가시키기 위한 프로젝트도 많이 등장하고 있다. 지방자치단체와 지역금융기관도 이러한 효과에 주목하고 있는데, 후쿠이현 사바에시와 히다신용조합은 독자적인 구매형 CF 플랫폼을 운영하며 지역사업자를 지원하고 있다.

1.5 중소기업과 지역의 발전에 미치는 간접적인 영향

1.5.1 대기업의 참가

구매형 CF는 신상품을 실제로 만들기 전에 수요를 파악할 수 있기 때문에 대기업이 신상품 테스트 마케팅을 하거나 사내 이노베이션을 가속화하고 싶은 경우에도 유용하게 활용할 수 있다. 예를 들면 도시

바는 2016년 마쿠아케에 호흡을 통해 알코올 수치를 측정할 수 있는 신제품을 크라우드펀딩했고, 파나소닉은 2018년 그린펀딩에 집중력 강화용 웨어러블 단말기를 크라우드펀딩했다. 새로운 시도를 하고 싶어 하는 대기업과 사업화되지 않은 채 잠자고 있는 대기업 상품을 찾아내려는 구매형 CF 사이트 간의 이해가 일치했다고 볼 수 있다.

실제로 마쿠아케는 대기업이 신상품을 출시하거나 신규사업을 시도할 수 있도록 지원팀을 구축하고 있다. 또한 소니처럼 독자적인 구매형 CF 플랫폼을 운영하는 회사도 있다. 향후 대기업에서 잠자고 있는 아이디어와 기술이 사업화하면서 구매형 CF 시장도 확대될 전망이다.

1.5.2 해외상품의 일본 진출 발판

원래 구매형 CF의 발상지는 미국이다. 일본 구매형 CF 사이트에 게시된 상품을 보면 미국 구매형 CF 사이트에서 성공한 프로젝트가 다소 시간이 지난 후에 일본 구매형 CF 사이트에 다시 등장해 성공한 사례가 많다.

예를 들면 기내에서 착용하는 여행용 재킷인 바우박스(Baubax)는 미국 구매형 CF 사이트인 킥스타터(Kick starter)를 활용해 대성공을 거뒀다. 총 누계 20억 엔 이상의 자금을 조달해 구매자에게 상품을 전달했다. 그 후 같은 상품을 일본 구매형 CF 사이트인 마쿠아케와 모션갤러리(Motion Gallery)에 게재했다. 그리고 다른 일본 구매형 CF 사이트에도 유사 상품이 진열됐다.

해외 구매형 CF에서 이미 성공한 상품을 대량생산한 뒤 일본 인터넷 쇼핑몰 시장에 바로 진출할 수도 있지만, 외국에 진출할 경우 사전에 치밀한 조사가 필요하다. 그러므로 일본 구매형 CF를 통해 필요한 물량을 미리 파악하면 일본 수출용으로 제품을 과대 또는 과소하게 생산하는 위험을 피할 수 있다. 일단 일본 구매형 CF를 통해 알려지게 되면 일본 판매대리점에서 준비를 해주므로 일본 진출의 리스크가 낮아진다.

해외에서 구매형 CF로 성공한 사업은 해외 CF 사이트 기재 내용을 그대로 일본어로 번역해서 일본 구매형 CF 사이트에 게시하는 것만으로도 추가적인 자금조달과 상품 주문으로 연결될 수 있기 때문에 사업상으로도 유리하다.

1.5.3 구매형 CF 간 경쟁 환경

구매형 CF 사이트는 상품조달금액의 17~20%를 수수료 수입으로 확보할 수 있기에 수익 극대화를 위해 보다 많은 자금을 조달할 수 있는 상품을 취급하고 싶어 한다. 또한 각 상품을 판매할 때 '큐레이터'라고 불리는 상담자가 자금을 조달하는 기업과 개인에게 여러 가지 조언을 제공한다. 사이트 측에서는 큐레이터 자원을 효율적으로 활용해 목표금액을 정확하게 달성할 수 있는 상품(성공한 상품)과 목표금액을 상회해 자금을 조달할 수 있는 상품을 만들고 싶어 한다. 반대로 조달금액이 목표금액을 크게 하회하는 경우에는 큐레이터 자원을 활용할 수 없다.

따라서 구매형 CF 사이트는 규모가 큰 상품과 성공확률이 높은 상품을 추구한다. 이런 관점에서 해외 구매형 CF에서 성공을 거둔 상품이나 대기업의 테스트 마케팅 상품은 매력적으로 보일 수 있으며, 반면 지명도가 없는 벤처기업이나 지방 중소기업의 상품은 우선순위에서 밀릴 가능성이 있다. 사이트 간 경쟁이 격화할수록 이러한 경향은 더욱 심화할 것이다. 실제로 구매형 CF 사이트가 다른 사이트와 차별화하기 위해 자신의 사이트를 홍보할 때는 자금조달에 성공한 상품의 '성공률'과 목표금액 대비 자금조달금액인 '달성률'을 제시하는 경우가 많다. 곧 '성공률'과 '달성률'이 구매형 CF 사이트의 주요실행지표(KPI·Key Performance Indicator)다.

1.5.4 판매 강화 움직임

구매형 CF 사이트는 최근 EC(인터넷 쇼핑몰)와 함께 실제 판매활동 지원에도 힘을 쏟고 있다. 마쿠아케는 '마쿠아케 가게'라고 불리는 인터넷 쇼핑몰 사이트를 가지고 있으며, 여기서는 CF에 참가하지 못했던 구매자도 CF에서 선보인 상품을 구매할 수 있도록 하고 있다. 또한 일본 3대 버라이어티숍 중 하나인 도큐핸즈도 '마쿠아케 숍'이라는 실제 점포를 갖고 있다. 그린펀딩 운영사인 주식회사 원모어도 2015년 쓰타야(TSUTAYA) 서점을 운영하는 '컬처 컨비니언스 클럽(CCC)'에 가입, 서점을 통해 CF에서 선보인 상품을 판매하고 있다.

이러한 움직임은 CF 상품의 라이프사이클을 장기화하고, 온라인에서 확보할 수 없었던 고객을 확보해 독자적인 수익을 창출하게 한다. 이 때문에 빅히트가 될 만한 상품의 중요성은 점점 커지고 있다.

반면에 이러한 동향은 상대적으로 상품의 품질이 떨어지는 중소기업이나 지방기업에는 어려운 요소가 될 수 있다. 그러나 중소기업이나 지방기업에도 도시에서의 판로 개척과 사업 기회의 확대 측면에서는 도움이 된다.

2. 구매형 크라우드펀딩에 관한 선행 연구들

구매형 CF에 관한 선행 연구로는 자금조달에 성공한 상품의 성공요인, 참가자의 동기와 속성 분석, 사업자 육성과 지역발전 효과 등이 있다. 다음에는 이들을 순서대로 살펴보면서 중소기업과 지방기업에 필요한 분석 및 이를 통한 지역발전, 그리고 지역 활성화 가능성에 대해 검토한다.

2.1 구매형 크라우드펀딩 자금조달의 성공 요인

우치다內田·하야시林(2018)는 일본의 대형 구매형 CF인 캠프파이어와 미국의 대형 구매형 CF인 킥스타터의 데이터를 이용해 실증분석을 했고, 후지하라藤原(2019)는 구매형과 기부형 CF를 운영 중인 레디포의 데이터를 이용해 자금조달에 성공한 구매형 CF 상품의 성공요소를 분석했다. 이들에 따르면 적극적으로 PR을 한 상품이나 수도권 지역의 상품은 자금조달에 성공하기 쉬웠으나, 목표금액이 크거나 모집기간이 길면 실패하는 경우가 많았다. 미국의 선행 연구에서도 같은 결과가 나왔다. 국내외 모든 선행 연구에서 도시권의 상품은 성공률이 높았으나 지방권 상품은 상대적으로 어려움이 많았다.

다만 우치다內田·반伴(2020)은 최근에는 도시권의 장점을 찾아보기 어렵다고 말한다. 그리고 이들 선행 연구에서는 해외 상품이나 대기업 상품을 분석자료에 포함시키지 않았고, 이들이 자금조달의 성공 여부나 규모에 미치는 영향에 대해서도 분석하지 않았다.

그 외에 Zaggl and Block(2019)은 초기에 자금제공자가 소액을 조달한 사업은 오히려 성공하기 어렵다고 보고했다. 작은 금액을 차곡차곡 모아서 자금조달에 성공한 기존의 구매형 CF에 대한 선입견을 뒤엎은 결과였다. 자금조달에 성공하고 싶으면 초기에 자금제공자가 비교적 큰 금액을 제공하도록 해야 한다지만, 이를 벤처기업이나 중소기업 상품에 그대로 적용하기에는 어려움이 있다. 향후 벤처기업과 중소기업에서 구매형 CF를 추진할 경우 이러한 점을 고려할 필요가 있다.

2.2 구매형 크라우드펀딩 참여자의 동기

슈타이겐베르거(Steigenberger)(2017)는 사람들이 구매형 CF에 참가하는 이유는 '물건을 사고 싶다(특히 틈새상품)' 또는 '이타심에서 프로젝트를 지원하고 싶다'는 두 가지 생각에서 비롯되며, 이 중 물건을 사고 싶다는 생각이 더 지배적이라는 설문조사 결과를 발표했다. 그리고 물건을 만드는 사람과 기업에 대한 지원에는 흥미를 갖고 있으나 사회적 영향까지는 고려하지 않고 있음을 밝혔다.

다마이玉井(2019)는 자금제공자의 동기를 CF 종류별로 상위 5위까지 소개하면서 구매형 CF의 상위 5위 안에는 사회공헌이나 사회전체의 복리와 연결된 회답은 없었고, 주로 물건이나 프로젝트에 대한 관심이었다고 밝혔다.

나카무라中村(2018, 2019)는 대규모 온라인 조사를 통해 구매형 CF와 기부형 CF에 대한 참여 동기를 분석했다. 그 결과 구매형 CF는 주로 상품 구매를 위해 이용하고 있으며, 기부형 CF는 주로 사회공헌과 지역에 대한 지원을 위해 참여하고 있다고 밝혔다.

이로 볼 때 구매형 CF 참여자의 주요 동기는 상품 구매이고, 사회

공헌과 이타적인 감정은 부수적인 동기라고 볼 수 있다.

2.3 구매형 크라우드펀딩 참여자의 만족도

다마이玉井(2019)는 모든 유형의 CF 자금제공자 중 절반 이상은 불만을 갖고 있다고 보고했다. 그중 구매형 CF는 ①받은 상품이 기대에 못 미쳤다 ②제공한 자금에 비해 품질이 떨어진다 ③물건이 도착하지 않았다는 등의 불만이 각각 10% 전후로 있었다(복수 회답 가능).

해외 구매형 CF 참가자의 만족도 조사는 한정적이지만, Zheng et al.(2017)은 중국의 대규모 구매형 CF 사이트 참여자를 대상으로 한 만족도 분석에서 ①상품의 배달 타이밍과 품질이 기대를 충족하는가 ②자금조달자로부터의 피드백을 통해 자금제공자가 지원 및 참여에 대한 인식을 갖게 됐는가 등 이 두 가지가 중요하다고 밝혔고, 그중에서 ①이 더 중요하다고 지목했다.

한편 나카무라中村(2018, 2019)는 구매형 CF와 기부형 CF의 참여자 조사에서 60%의 지원자가 만족하고 있고, 약 70%가 향후 지원할 의향이 있다고 밝혔다. 다만 자금제공자의 55.5%가 가족과 지인이었고, 22%는 CF 활동 중에 알게 된 사람들이었다. 즉 대부분 친밀한 관계에 있는 사람들을 대상으로 프로젝트를 진행했기 때문에 지원자와의 관계가 만족도 상승으로 이어졌을 가능성이 높다. 그리고 구매형

CF뿐만 아니라 기부형 CF도 포함한 결과이므로 구매형보다는 기부형이 만족도를 상승시켰을 가능성이 있다.

2.4 구매형 크라우드펀딩 지역발전 전략의 효과

구매형 CF의 지역발전 공헌에 관한 연구로 마쓰오松尾(2014)는 구매형과 투자형 하이브리드 방식의 조합형 CF가 지역발전에 기여했을 가능성에 대해 논의했다. 또한 CF가 중소기업 금융에 어떠한 기여와 역할을 했는지에 대해 다케우치竹內(2015), 가와즈川津(2017)가 연구했다.

일본은 저출산·고령화·인구감소·지역쇠퇴라는 사회적인 과제를 안고 있기 때문에 CF를 지역 활성화에 활용하고자 하는 논의가 비교적 많지만, 해외에서는 이 분야에 대한 논의가 거의 없다. 기업가정신과 이노베이션을 통한 스마트시티의 실현을 위해 CF를 활용한 선행연구가 있을 뿐이다(Carè et al. 2018).

따라서 구매형 CF가 지역기업과 지역발전에 미치는 영향에 대해서는 일본 내 선행 연구는 일반론에서 벗어나지 못하고 있고, 데이터에 의한 실증분석 연구 또한 없다. 구매형 CF를 통한 지역발전 효과를 논의하면서 단지 이미지나 응원만으로 중소기업이나 벤처기업을 끌어들이려는 시도는 주의할 필요가 있다.

또한 지방에서 구매형 CF를 실시할 경우 지역사랑이 강하고 사회적 자금이 있는 지역이라면 성공하기 쉽다는 보고가 있고(Giudici et al. 2018), 지역 구매형 CF의 성공과 이를 통한 지역발전을 위해서는 산·관·금(産官金, 기업·지방자치단체·금융기관)의 종합적인 지원활동이 필요하다는 점도 유의할 필요가 있다.

2.5 구매형 크라우드펀딩 마케팅의 역할

자금조달 측면 이외에 구매형 CF가 기업에 미치는 유용한 효과는 주로 마케팅 관점에서 논의되고 있다. Brown et al.(2017)은 구매형 CF가 마케팅에 미치는 효과에 관한 논문을 간추렸는데, 중소기업에는 상품 마케팅만으로도 아이디어를 테스트할 수 있는 시장, 그리고 상품을 직판할 수 있는 채널로 유용하다고 언급했다.

일본 내에서는 마쓰오松尾(2019)가 구매형 CF 상품 서비스의 시장성 조사와 프로모션 효과를 설명했고, 하야미速水(2015)와 다케우치竹内(2015)는 CF 실시 기업에 고객과의 신속한 커뮤니케이션, 정보수집 능력, 광고 효과가 있다고 했다.

이처럼 구매형 CF의 자금조달 이외의 효과를 강조하는 선행 연구가 국내외에 많다. 중소기업과 지방기업에 있어서 위의 효과는 상대적으로 부족한 부분이므로 이러한 부분을 강화한다면 구매형 CF에 대한 기대가 더욱 높아질 것이다. 이들 선행 연구는 모두 개념에 관한 논의 중심이며 기존의 구매형 CF 사이트가 벤처기업과 중소기업에 미치는 영향을 실증적으로 검증한 연구는 거의 없다.

한편 Beier et al.(2019)은 스웨덴의 구매형 CF 사이트의 데이터를 분석해 기존 중소기업이 구매형 CF를 마케팅 수단으로 활용할 수 있는 방안을 연구했다. 이에 따르면 구매형 CF는 중소기업의 마케팅에도 유용하기에 향후 중소기업은 전략적으로 주도면밀하게 구매형 CF의 실시계획을 마련해야 하며, 이를 효과적으로 진행하기 위해 일정한 사내 자원 확충은 물론 상품자금제공자 간 밀접한 연계를 이끌어낼 필요가 있다고 조언한다.

2.6 대기업 구매형 크라우드펀딩의 활용

Simons et al.(2019)은 선행 연구를 중심으로 대기업에 의한 구매형 CF 활용에 관해 정리했다. 시계열(확률적 현상을 관측해 얻은 값을 시간 차례대로 늘어놓은 것-옮긴이)적으로는 사내 구매형 CF에서 사외 구매형 CF 사이트를 이용하는 방식으로 전환하고 있다. 사내에서 종업원을 대상으로 구매형 CF를 실시한 미국 IBM과 독일 지멘스(Siemens)는 본 제도가 아이디어 실현을 신속하게 하고 계층과 부문 간의 장애를 뛰어넘는 장점이 있는 반면에, 종업원이 자신의 입장이나 업무에 가까운 아이디어를 중심으로 사고하는 경향이 있음을 보고했다.

외부 구매형 CF를 활용하면 이와 같이 사내에 편중된 아이디어 평가 문제를 뛰어넘을 수 있다. 유명한 외부 구매형 CF 활용 사례로는 음향기기 전문기업 보스(Bose)가 미국의 대형 구매형 CF 사이트인 인디고고(Indiegogo)에 게시한, 눈을 보호하기 위한 목적의 이어폰 개발 사례를 들 수 있다. 회사 인터뷰에 따르면 동 상품의 목적은 자금조달이 아닌 시제품 제작이었고, 특히 인디고고 사용자의 댓글 기능을 기대했다고 한다. 실제로 보스의 CF 건은 효과가 있어서 동 제품의 상품화까지 이어졌다.

이외에도 쇼크톱(Shock Top)이라는 미국 맥주 제조사는 자사의 브랜드 아이덴티티 확립을 목적으로 구매형 CF를 활용했다. 다만 스스로 CF 상품을 시작하지는 않고 물 소비를 줄일 수 있는 세 가지 이슈에 자금을 제공해 마케팅 활동을 지원하면서 자사 브랜드를 홍보하는 방식을 택했다. 구매형 CF를 활용한 ESG 경영 중 하나라고 할 수 있다.

대기업에 의한 CF 활용 연구는 대부분 이론적인 것으로, 실제 구매형 CF의 데이터를 활용한 연구는 없다. Simons et al.(2019)은 대기업의 구매형 CF는 아이디어 창출, 평가, 시장조사나 시장참가와 같은 혁신이 필요한 여러 단계에서 활용 가능하다는 점을 밝혔다.

3. 중소기업과 지방기업에 유용한 구매형 크라우드펀딩

위에서 살펴본 바와 같이 자본력이 약한 기업도 구매형 CF를 활용하면 아이디어로 승부해 상품을 판매할 수 있다. 한편, 선행 연구를 통해 알 수 있듯이 구매형 CF 참가자는 일반적인 온라인 쇼핑몰에서의 구매 활동과 동일한 수준의 기대를 갖고 있으므로 구매형 CF가 이를 충족시키지 못할 경우 불만으로 이어질 수 있다. 따라서 CF 사이트는 CF 시장 전체의 신용 향상을 위해 고품질 상품에 주력함으로써 소비자의 기대를 충족하기 위해 노력해야 한다.

또한 중소기업이 실시할 경우 주도면밀한 준비와 자원이 필요하며, 지역에서 CF를 실시할 경우에는 애향심, 지역 사회적 자본의 여부에도 유의할 필요가 있는 점 등 추진 과정에서 생각보다 어려움이 많다는 점도 밝히고 있다.

이러한 상황에서 미국에선 성공 확률과 조달 금액이 큰 구매형 CF 상품과 대기업 제휴형 상품이 등장하고 있다. 이들 상품은 구매형 CF 사이트의 독자적인 수익 극대화와 고객(자금제공자)의 품질만족도 향상과도 연결된다. 다만 이와 같이 상품력과 자본력이 뛰어난 기업이 구매형 CF 사이트에 어느 정도로 영향을 미치는지에 대한 연구는 없다. 만일 상품력과 자본력이 뛰어난 기업의 영향력이 크고, 향후에도 그러한 경향이 지속된다면 구매형 CF는 고객(자본제공자)에게 일반 인터넷 쇼핑몰이나 판매시장과 같은 경쟁 환경을 체감하게 할 수 있다.

다만 이러한 경향은 자본력이 없는 벤처기업과 중소기업에는 불리한 요인으로 작용할 수 있다. 기존에는 매력적인 아이디어만 제시하면 사이트 참가자로부터 지원을 받아 상품을 개발할 수 있었던 구매형 CF가 다른 모습으로 변질될 수도 있다.

실제로 미국 구매형 CF의 성공사례와 대기업 참가사례가 일본 내 구매형 CF 사이트에 어느 정도 영향을 줄 것인지에 대한 정량적인 검증작업이 필요하다. 만일 일본 내 주요 구매형 CF 시장에서 미국 구매형 CF 사이트에서 성공한 상품과 대기업 출시 상품이 존재력을 키울 경우 일본 내 구매형 CF는 인터넷 쇼핑몰 사이트에 가까운 모습으로 변화할 수 있다.

그러면 벤처기업과 중소기업의 상품에 대해서도 인터넷 쇼핑몰 사이트에서 판매되는 상품과 같은 높은 품질 수준을 요구할 것이다. 결과적으로 벤처기업과 중소기업을 육성한다는 취지는 희박해지고, 이들이 구매형 CF에서 자금을 조달하기는 상대적으로 더 어려워질 수 있다. 설사 자금조달에 성공한다고 해도 제공한 상품이 고객(자금제공자)의 기대에 부응하지 못한다면 향후 사업에 지장을 줄 뿐만 아니라 오히려 자사의 평판을 떨어뜨릴 위험까지도 있다.

4. 구매형 크라우드펀딩에서 해외 상품과 대기업 상품이 미치는 영향

호다保田(2020)는 일본 내 구매형 CF 사이트에 출시된 미국 구매형 사이트 성공 상품과 대기업 실시 상품의 영향력을 분석했다. 그리고 일본 구매형 CF의 실태를 명시해 향후 구매형 CF를 준비하는 기업과 개인 및 정책담당자에게 시사점을 제시했다.

일본 내 대형 3사 구매형 CF 사이트의 자금조달 실적 중 상위 50위까지의 상품(합계 150건)을 분석한 결과, 미국 구매형 CF 사이트에서 성공한 상품과 아시아 지역의 여러 기업이 대리점을 통해 진출한 상품이 상위를 차지하고 있음이 밝혀졌다. 그리고 일본 내 구매형 CF 사이트의 수익은 대기업 상품이 많은 영향을 미친다는 점이 확인됐다. 이러한 상황은 벤처기업·중소기업 및 지방기업에는 상대적으로 장애가 될 수 있다.

다만 이들 해외 인기상품과 대기업 상품이 자금제공자를 많이 끌어들이는, 소위 손님을 모으는 역할을 담당할 가능성도 있다. 자금조달 측면에서 보면 자금제공자의 수가 많고 범용성이 있는 사이트를 운영하고 싶을 것이고, 또한 해외 상품과 대기업 상품의 영향력이 높기 때문에 이를 취급하는 포털사이트는 상대적으로 평가가 좋을 수밖에 없다. 오히려 이러한 상황을 받아들여 자금제공자의 수요와 기대에 부응할 수 있는 상품을 개발해서 CF 사이트 운영에 활용할 수도 있다.

해외 구매형 CF에서 이미 성공한 상품과 대기업 상품은 배달 방식과 상품의 품질 면에서 상당한 보증력을 갖추고 있다. 따라서 향후 구매형 CF에 참가하는 벤처기업과 중소기업은 사전에 자금제공자의 기대에 부응할 수 있도록 상품의 품질을 향상시킬 수 있는 시스템을 구축할 필요가 있다. 물론 이러한 논의는 벤처기업과 중소기업을 육성해간다는 취지와는 다소 차이가 있다. 이 점을 자금조달 측면에서 제대로 이해해야 한다.

08

구매형 크라우드펀딩과
지역금융

—지역금융기관에서 구매형 크라우드펀딩의
역할과 운용

1. 지역금융기관과 구매형 크라우드펀딩의 연관성

2014년 정부는 지역발전정책으로 '마을·사람·일 발전전략'을 마련했다. 그리고 2019년 12월 제2기 종합전략을 결정했다. 이러한 전략의 기본목표 중 하나가 '윤택한(돈을 벌어들이는) 지역을 만드는 것'으로, 구체적으로는 지역기업의 생산성 향상, 지역 브랜드화, 지역 이노베이션의 발굴, 지역산업의 선순환 촉진과 활성화, 지역금융기관과 연계한 경영개선과 성장자금의 확보다. 이를 실현하기 위한 여러 접근방식 가운데 하나가 구매형 CF를 활용하는 방안이다.

금융청도 동일한 인식하에 매년 공표하는 '금융리포터'에서 지역금융기관의 수익 상황과 활동 상황에 관한 내용을 게재했다. 금융리포터에서는 지역금융기관이 기존 비즈니스모델을 지속할 수 있는지에 관한 논의가 필요하다고 말하는 한편, 지역금융기관이 지역기업의 사업을 잘 파악해 기업의 가치 향상과 연결될 수 있도록 자문과 금융을 원활하게 제공하면 금융기관 자체의 수익 확보만이 아니라 지역경제 활성화에도 공헌할 수 있다는 점을 강조하면서 여러 모범사례를 공유했다.

마쓰다增田(2017)가 검토한 것처럼, 하나의 CF를 통해 지역발전을 실현하기는 어려우며 지속적인 노력이 중요하다. 지방자치단체와 지역금융기관이 적극적으로 노력해 지역 내 개별 CF 노하우를 계속해서 활용할 수 있다면 CF를 통한 지역 활성화가 가능할 것이다.

한편 구매형 CF는 지역금융기관에 대해 보완적 역할을 할 수 있다. 구매형 CF에 대해 자금조달 기능만 강조하면 지역금융기관의 융자 기회를 빼앗는다고 생각할 수 있지만, 구매형 CF와 지역금융기관이 지역기업의 다양한 성장 단계에서 자금을 제공하거나 위험을 분산할 경우 상호보완적인 역할을 한다고 볼 수 있다.

전국은행협회(2016)는 지역발전을 위한 금융기관의 역할로, 분석력을 갖춘 인재육성, 적극적인 기업수요의 발굴, 지역 특성에 맞춘 컨설팅 기능의 강화, 지역기업의 매력 홍보 등을 들었다. 특히 구매형 CF는 기업이 자사 상품과 서비스를 홍보하고 고객을 확보하는 효과가 있기 때문에 지역기업의 사업기반 강화에 기여할 수 있다. 지역금융기관과 구매형 CF의 보완 관계를 인정한다면 구매형 CF의 기능 강화를 위해 노력할 수 있다.

본 장에서는 지역금융기관이 구매형 CF에 대해 어떠한 인식을 갖고 있으며 어떠한 관계를 설정하고자 하는지 파악하기 위해 전국의 지역금융기관을 상대로 설문조사를 했다. 목적은 세 가지다. 첫 번째는 지역금융기관이 구매형 CF를 어떻게 인식하고 있으며, 어떠한 실시 체계를 구축하고 있는지 확인한다. 두 번째는 구매형 CF가 지역금융기관의 여신 및 융자에 어느 정도 영향을 미치는지를 밝힌다. 세번째는 구매형 CF를 통한 지역사업자의 경영방식 향상과 산·관·금 연계에 의한 지역 활성화 가능성에 대한 시사점을 얻기 위해 지역금융기관의 구매형 CF가 지역발전에 어떠한 기여를 하는지 분석한다.

다음 절에서는 CF와 관련한 지역 활성화에 대한 선행 연구를 중심으로 지금까지의 논의를 정리하고, 제3절에서는 지역금융기관의 설문조사 방법을 설명하며, 제4절에서는 조사 결과를 소개한다. 최종 절에서는 지금까지의 내용을 정리, 분석한다.

2. 크라우드펀딩과 지역금융에 관한 선행 연구

마쓰오松尾(2014)는 지역금융기관과의 관계에서 CF가 지역발전에 미치는 영향을 검토하면서, CF가 지역 소규모 사업자의 활성화와 재생에 중요한 역할을 할 수 있다는 점과 금융기관의 융자자금 조달을 촉진하는 측면이 있다고 보고했다. 또한 사토佐藤(2017)는 CF와 지역금융기관의 관련성을 검토하면서, 기존 금융기관이 자금 공급을 할 수 없는 사례도 있기 때문에 CF가 보완재가 된다고 지적했다. 그리고 다시로田代(2018)는 자기자금이 충분하지 않은 기업가가 CF를 통해 투자가로부터 자금조달을 할 수 있는 간소한 경제모델을 제시했다. 모두 CF가 지역금융기관과 보완재 관계에 있다는 점, 그리고 사업자가 자금조달을 하는 데 도움이 될 수 있음을 보여주지만 실제 운영 현황에 대한 연구는 거의 없다.

CF의 종류도 중요한 연구 대상이다. CF 중 융자형과 투자형은 금융상품성이 있기 때문에 기존 금융기관에 위협이 될 수 있지만, 구매형과 기부형은 금융상품성이 적기 때문에 위협 정도가 낮다. 실제 CF가 기존 금융시스템에 미치는 영향을 연구한 Pelizzon et al.(2016)도 구매형과 기부형은 위협의 정도가 낮고 금융기관에 미칠 수 있는 영향 또한 한정적이라고 했다. 또한 Mollick(2014)과 Agrawal et al.(2014)은 구매형 CF 참가자 대부분이 자금조달자의 가족이나 친구 등 지인 중심이었음을 밝혔다. 일본에서도 나카무라中村(2019)가 실시한 국내 설문조사에서 비슷한 결과를 보고했다. Mochkabadi and Volkmann(2020)도 투자형 CF와 구매형 CF는 참가자의 위험 감수 행동과 특성이 다르다는 점을 지적해 구매형 CF가 금융상품과 다른 존재임을 알 수 있다.

이처럼 융자형과 투자형, 구매형과 기부형은 금융기관에 미치는 영향이나 인식이 다르다. 실제로 다케우치竹内(2019)는 국내 대형 구매형 CF 플랫폼인 마쿠아케가 100개가 넘는 금융기관과 연계한 사례를 소개했으며, 다른 구매형 CF 플랫폼도 지역금융기관과 연계하고 있다. 이이지마飯嶋·야하기矢作(2018)도 양자의 협력 사례를 소개했다. 그리고 향후 과제로 지역금융기관이 기존 신용위험평가 등의 노하우를 활용해 주도적으로 CF를 활용함으로써 지방 벤처를 진흥시켜야 한다고 지적했다.

지금까지 몇몇 지역금융기관의 사례를 중심으로 소개했지만, 과연 어떠한 움직임이 전국적인 것인지 또는 보편적인 것인지는 불분명하다. 또한 선행 연구에서는 구매형 CF와 지역금융기관과의 연계를 통한 지역 활성화 가능성을 제시하지만, 실제로 지역금융기관이 이러한 점을 어떻게 인식하고 활용해야 하는지에 대해 직접 설문조사한 연구는 없다. 야모리家林(2014)는 지역사업자가 경쟁력을 높이기 위해서는 영향력과 지역금융기관과의 접촉 빈도를 높여야 한다고 지적한다. 구매형 CF가 보완재로서 역할을 수행하면 상호 접촉 빈도가 높아져서 지역사업자의 경쟁력 향상과 지역경제 활성화에도 기여할 수 있다는 것이다.

3. 구매형 크라우드펀딩에 대한 지역금융기관의 인식과 활용

CF 중 특히 지역사업자의 마케팅력 향상에 기여했다고 판단되는 구매형 CF에 대해 전국 지역금융기관의 인식과 이를 활용할 의향이 있는지를 묻는 설문조사를 했다. 설문은 전국의 신용조합·신용금고·제1지방은행·제2지방은행의 법인 영업담당이사에게 우편으로 질문 용지를 보내는 방식으로 진행했다. 2020년 2월 26일 발송했고(배부처 471곳), 2020년 3월 19일까지 153곳에서 응답을 받았다(응답률 32.5%).

다케우치竹內(2019)에 따르면 CF 인지도는 경영자가 젊은 남성이고 규모가 큰 기업일수록 높았고, 활용 의향은 성장기업에서 높게 나타났다. 지방보다는 도시에 소재한 기업에서 CF 인지도가 높았고 활용 의향도 큰 것으로 해석할 수 있다. 이번 설문조사는 지역금융기관 소재지가 도시인지 지방인지를 구분해 분석했으나 응답률은 도시(31.5%)나 지방(32.8%)에서 큰 차이가 없었다.

구체적인 질문 항목은 각 금융기관의 융자 상황, 구매형 CF의 기여도와 관여 방법, 회사의 기본사항 등이었으며, 구매형 CF가 실시 기업과 지역금융기관 그리고 지역경제에 미치는 영향에 대해서도 물었다. 필요에 따라 금융기관의 특성을 도시와 지방으로 구분해 분류했지만, 이미 밝힌 바와 같이 도시와 지방의 구분이나 금융기관의 특성 구분으로 인한 영향은 거의 없었다.

3.1 지역금융기관의 구매형 크라우드펀딩 활용 현황

우선 지역금융기관이 구매형 CF에 관여한 현황을 알아봤다(도표 8-1). 응답한 금융기관 중 3개 회사(2%)가 독자적인 CF 플랫폼을 가지고 있었다. 41.8%는 특정 CF 플랫폼과 사업 연계를 통해 융자처에 구매형 CF를 소개하고 있었지만, 37.9%는 융자처에 구매형 CF를 권유하지 않았다. 이하에서는 37.9%의 지역금융기관을 'CF 무관여군'이라고 하고, 그 외에 어떠한 형식으로든 구매형 CF를 거래처에 추천하고 있는 지역금융기관을 'CF 관여군'으로 구분해 논의를 전개한다.

다음으로 도표에서는 생략했지만 CF 관여군의 시스템에 대해 확인했다. 전담자를 둔 곳은 2곳(2.1%)이었지만 겸임인 곳은 58.9%로, 60% 이상의 지역금융기관은 CF 관련 노하우를 특정 담당자에게 전담시키고 있었다. 그리고 금융기관을 매개로 지역 내 CF 노하우를 지역 공유시스템 구축과도 연결시키고 있었다.

한편 최근 반년간 CF 관여군에서 취급한 CF 프로젝트는 42.1%가 0건이었고, 14.7%는 1건이었다. 구매형 CF를 거래처에 추천하거나 CF 노하우를 축적시킬 수 있는 회사 내 시스템 구축을 추진한 지역금

<도표 8-1> 지역금융기관의 구매형 CF 관여 현황

내용	건수	비율(%)
독자적으로 CF 플랫폼을 보유 및 운영	3	2
특정 CF 플랫폼과 사업제휴를 통해 필요에 따라 융자처를 소개	64	41.8
특정 CF 플랫폼과 정식으로 제휴하지 않았지만 필요에 따라 수시로 융자처를 소개	15	9.8
융자처에 대해 CF라는 선택지가 있음을 알려준 경우 있음(플랫폼에 융자처가 독자적으로 계약)	7	4.6
융자처에 CF를 추천하지 않음	58	37.9
무응답	6	3.9
합계	153	100

융기관의 절반 정도도 이와 비슷한 실적을 나타냈다. 또한 CF 관여군에 CF 1건당 평균자금조달액을 문의한 결과 100만 엔 미만이 과반수였고, 300만 엔을 초과한 안건은 10% 미만으로 나타나 전체적으로 규모가 작다는 점을 알 수 있었다.

2018년 필자가 연구를 위해 방문한 어느 지역금융기관은 CF의 취급 건수를 인사고과에 반영하고 있었다. 구매형 CF 취급 건수 또는 소개 건수가 지역금융기관 융자담당자의 인사고과 대상이 될 것인지를 CF 관여군에 확인했더니 20%가 대상이 된다고 대답했다. 지역금융기관이 구매형 CF에 적극적으로 참여하도록 유도할 경우 인사고과를 활용하는 것도 하나의 방법일 수 있다.

<도표 8-2> 지역금융기관의 거래처에 대한 CF 추천방식

내용	건수	비율(%)
신규 거래처를 추천한 적이 있다	39	43.8
기존 거래처를 추천한 적이 있다	53	59.6
거래처가 신상품과 서비스를 개발할 때 추천한 적이 있다	53	59.6
CF 실시 가능한 상황이라면 신규나 기존을 불문하고 원칙적으로 추천한다	22	24.7
거래처에서 CF에 대해 문의하거나 질문할 때만 추천한다	26	29.2
기타	2	2.2
대상 금융기관 수	89	

주) %는 CF 관여군의 지역금융기관 89개사에서 차지하는 비율임. 복수응답이 있기 때문에 합계가 100%를 초과함.

CF 관여군을 대상으로 고객에게 CF를 추천하는 방법에 대해 문의한 결과는 <도표 8-2>에 나타나 있다. 지역금융기관이 신규 거래처에 구매형 CF를 추천한 현황을 살펴보면, 지금까지는 융자 신청 기업의 신용력이 부족해 융자를 미뤘던 안건도 지역금융기관이 구매형 CF를 제시해 중장기적인 관계를 구축할 수 있다는 점을 확인할 수 있었다.

융자를 하거나 또는 하지 않는 두 가지 선택지만 있을 때 만약 지역금융기관이 융자를 하지 않으면 그것으로 기업과의 관계는 끝나지만 대안을 제시하면 미래 잠재고객과 계속해서 커뮤니케이션을 할 수 있다. 지역금융기관의 약 60%가 구매형 CF를 신상품과 서비스 개발자금으로 인식하고 있음을 알 수 있었다.

3.2 구매형 크라우드펀딩을 통한 여신·심사 기능의 가능성

구매형 CF는 잠재소비자의 수요를 먼저 확인할 수 있기 때문에 금융기관은 부분적으로 주요 심사 대상인 상품과 서비스의 시장성을 검증할 수 있다. 이러한 점은 금융기관이 특히 신규 거래처에 구매형 CF를 추천하는 이유 중 하나가 될 수 있다. 그래서 지역금융기관이 구매형 CF를 여신·심사의 보완재나 대체재로 생각하는지 여부를 확인했다(도표 8-3). 70% 이상의 지역금융기관이 구매형 CF가 여신을 보완할 수 있다고 응답했고, 15.7%는 일부 대체 가능성이 있다고 대답했다. 대체도, 보완도 할 수 없다는 응답은 7.2%밖에 안 됐으며, 대부분의 지역금융기관은 구매형 CF의 정보적 가치를 인정했다.

    <도표 8-4>는 지역금융기관이 실제로 구매형 CF 실시 기업의 여신·심사 과정에서 어느 정도로 CF 내용과 결과를 참고하는지 문의한

<도표 8-3> 지역금융기관은 구매형 CF를 여신·심사 기능의 대체재 또는 보완재로 생각하는가

내용	건수	비율(%)
대체할 가능성이 있다	0	0
일부 대체할 가능성이 있다	24	15.7
대체는 불가능하나 보완할 가능성은 있다	110	71.9
대체도, 보완도 가능하지 않다	11	7.2
기타	5	3.2
무응답	3	2
합계	153	100

<표 8-4> 지역금융기관은 CF 실시 기업의 내용과 결과를 여신·심사에 어느 정도 활용하는가

내용	건수	비율(%)
성공할 경우 가점한다	0	0
실패할 경우(목표금액에 달하지 못할 경우) 감점한다	0	0
가점과 감점에는 이용하지 않지만, 사업 또는 상품을 잘 이해하기 위해 CF의 내용과 소비자의 반응을 참고한다	44	28.8
기타 형태로 참고한다	18	11.8
참고하지 않는다	6.9	45.1
기타	8	5.2
무응답	14	9.1
합계	153	100

결과다. CF의 내용과 결과를 여신·심사 과정에서 가감점으로 활용한 지역금융기관은 없지만, 사업이나 상품을 이해하기 위해 또는 기타 목적으로 참고한다는 응답이 40% 이상이었다.

또한 CF를 통해 조달한 금액과 동일한 금액을 매칭해서 융자하는지도 문의했지만 매칭 융자를 실시한 곳은 2개 금융기관에 그쳤고, 향후 가능성에 대해서도 10개 회사(6.5%)만 검토 중이라고 응답했다. 또한 구매형 CF를 통해 자금조달을 할 의향이 있는 기업에 대해 융자 시 어떠한 우대 조치를 할 수 있는지에 대한 질문에서도 우대 조치가 있다고 대답한 곳은 3개 지역금융기관뿐이었다. 구매형 CF 실시 결과가 여신이 어렵다고 판단한 사안에 영향을 미쳤다고 응답한 회사도 2개뿐이었다.

정리하자면 구매형 CF를 통해 확보한 거래처 정보는 지역금융기관의 융자에 실질적으로 영향을 주지는 않았지만 정보적인 가치는 인정되고 있었으며, 일부 금융기관은 어떤 식으로든 참고해 활용하고 있었다. 향후 구매형 CF를 통해 확보한 정보가 지역금융기관, 사업자 그리고 소비자 사이의 정보 비대칭을 어느 정도 완화할지와 이에 따라 융자 실적을 증가시킨 사례에 대한 검증이 필요하다.

3.3 지역금융기관의 구매형 크라우드펀딩에 대한 인식

지역금융기관의 대다수가 구매형 CF를 보완재로 인식하고 있음이 밝혀졌다. 구체적으로 구매형 CF 기능을 어떻게 인식하고 있는지에 대해서는 <도표 8-5>에 나타나 있다. 이를 보면 자금조달 이외에도 유용하다는 의견이 많았다. 특히 CF 관여군은 ①신상품과 서비스의 테스트 시장 ②보도용 PR 기능 ③신규고객 확보 세 가지 기능에 대해 인식이 높았다. 이런 결과에 대해 지역금융기관이 실제로 구매형 CF를 실시한 거래처에 변화와 효과를 확인한 결과인지 아니면 원래 그런 인식을 갖고 있었기 때문에 구매형 CF를 거래처에 추천했는지에 대한 논의가 있을 수 있는데, 두 가지 모두 가능성이 있다고 판단된다.

한편 CF 무관여군 지역금융기관의 46.6%는 구매형 CF가 신상품과 서비스의 테스트 시장으로서 유용하다고 대답했고, 41.4%는 보도

<도표 8-5> 지역금융기관에 의한 구매형 CF 기능의 인식

내 용	합계		CF 관여 있음		CF 관여 없음	
	건수	%	건수	%	건수	%
자금조달 수단으로 유용	98	66.7	61	68.5	37	63.8
신상품과 서비스 테스트 시장으로 유용	101	68.7	74	83.1	27	46.6
신규고객 확보 수단으로 유용	65	44.2	51	57.3	14	24.1
보도용 PR 기능으로 유용	87	59.2	63	70.8	24	41.4
특별한 어떤 기능도 인식하지 않음	9	6.1	0	0	9	15.5
기타	3	2	2	2.2	1	1.7
무응답	2	1.4	0	0	2	3.4
대상 기업 수	147		89		58	

주) <도표 8-1>에서 무응답인 지역금융기관은 제외시킴. 복수응답이 가능하므로 합계는 100%를 초과함. 'CF 관여 있음'은 <도표 8-1>에서 어떤 형식으로든 거래처에 CF를 소개한 지역금융기관을 말하며, 'CF 관여 없음'은 거래처에 CF를 소개하지 않은 지역금융기관을 말함(다음 도표에서도 동일함).

용 PR 기능으로 유용하다고 응답했다. 신규고객의 확보 수단으로 유용하다는 응답은 24.1%였지만, 구매형 CF 실시가 지역 밖 고객 확보에도 기여하는가라는 별도의 질문에는 CF 무관여군의 63.8%가 어느 정도 기여한다고 대답했다(금융기관의 9.2%가 크게 기여한다고 대답했고, 64.7%는 어느 정도 기여한다고 대답했으며, 전체 4개 회사 중 3개 회사가 구매형 CF의 지역사업자 상권 확대 기능을 인식하고 있었다).

이처럼 장점이 많음에도 불구하고 일부 지역금융기관이 구매형 CF를 거래처에 소개하지 않은 이유가 있다. 2018년 필자가 연구 목적으로 방문한 복수의 지역금융기관에서는 CF 플랫폼 수수료가 높다고 지적했다. CF 플랫폼은 일반적으로 자금조달 금액의 15~20%를 수수료로 책정하고 있다. 그리고 구매형 CF를 실시할 경우 여러 비용이 부수적으로 발생하기 때문에 사업자가 최종적으로 조달한 금액은 예상 조달액과는 상당한 차이가 있다. 이러한 점을 감안해 지역금융기관이 거래처에 구매형 CF를 소개하지 않을 수 있다. 소규모 사업자가 상대적으로 많은 지역은 자원의 최적 배분도 중요한 과제로, 지역금융기관이 구매형 CF에 투입하는 자원만큼 회수되지 않는다고 판단했을 가능성도 있다.

<도표 8-6>은 지역금융기관의 CF 플랫폼 수수료 인식에 대한 응답 결과다. 이를 보면 CF 무관여군의 과반수 지역금융기관이 CF 수수료가 높다고 응답했다. 한편 CF 관여군은 3개 회사 중 2개가 타당하고 판단했다. 이처럼 수수료에 대한 인식이 크게 달랐는데, 이러한 인식 차이는 거래처에 구매형 CF를 권장하는 정도의 차이로 이어질

<도표 8-6> 지역금융기관의 구매형 CF 수수료에 대한 인식

내 용	합계		CF 관여 있음		CF 관여 없음	
	건수	%	건수	%	건수	%
타당	78	53.1	59	66.3	19	32.8
높다	58	39.5	27	30.3	31	53.4
낮다	0	0	0	0	0	0
무응답	11	7.5	3	3.4	8	13.8
합계	147	100	89	100	58	100

주) <도표 8-1>에서 무응답한 지역금융기관은 제외함.

수 있다. <도표 8-7>은 구매형 CF의 등장이 지역금융기관에 어떠한 영향을 미쳤는지에 대한 응답 결과를 나타낸다.

CF 무관여군의 43.1%는 구매형 CF가 신규 융자처의 개척 및 발굴에서 경합할 수 있다고 응답했고, 25.9%는 기존 융자처에 대한 추가융자 부문에서 경합할 수 있다고 대답했다. 다만 앞에서 본 것처럼 구매형 CF 자금조달 금액의 절반이 100만 엔 미만으로 적기 때문에 지역금융기관에 실질적인 경합 대상이 되지는 않는다고 볼 수 있다.

한편 CF 관여군 4개 중 3개 지역금융기관이 신규 융자처의 개척과 발굴에서 구매형 CF가 유용하다고 판단했고, 과반수는 기존 융자처의 추가융자에도 효과가 있다고 생각했다. 이러한 인식을 바탕으로 지역금융기관이 구매형 CF 실시를 적극적으로 지지할 가능성이 있

<도표 8-7> 구매형 CF에 의한 지역금융기관의 영향 인식

내 용	합계		CF 관여 있음		CF 관여 없음	
	건수	%	건수	%	건수	%
신규 융자처 개척 및 발굴에 기여	87	59.2	66	74.2	21	36.2
기존 융자처 추가융자에 기여	53	36.1	45	50.6	8	13.8
신규 융자처 개척 및 발굴 경합	33	22.4	8	9	25	43.1
기존 융자처에 추가융자 경합	17	11.6	2	2.2	15	25.9
기타	20	13.6	12	13.5	8	13.8
무응답	4	2.7	0	0	4	6.9
대상 금융기관 수	147		89		58	

주) 복수응답이 있기 때문에 합계가 100%를 초과함.

고, 반대로 구매형 CF 관여를 통해 신규 융자처 개척과 기존 융자처에 대한 추가융자가 가능할 수 있다.

자금조달만을 고려했을 경우 구체적인 기능 인식에 대한 응답 결과는 <도표 8-8>에 나타나 있다. 절반 이상의 지역금융기관이 구매형 CF가 융자 전 단계의 리스크머니로 유용하다고 보는 동시에 운전자금 용도의 융자를 보완하는 기능도 있다고 봤다. 전자는 구매형 CF가 융자 전 단계에서 위험성 자금 역할을 수행하는 반면에, 후자는 융자에서 위험 분산 역할을 하고 있었다. 이처럼 구매형 CF가 자본과 부채의 두 기능을 하고 있다는 점은 흥미로운 사실이다. 또한 CF 무관여군의 지역금융기관도 구매형 CF의 자금조달 기능에 대해 비슷한

<도표 8-8> 지역금융기관의 구매형 CF 자금조달 기능에 대한 구체적인 인식

내 용	합계		CF 관여 있음		CF 관여 없음	
	건수	%	건수	%	건수	%
융자 전 단계의 위험성 자금으로 유용	75	51	48	53.9	27	46.6
융자 후의 성장투자자금으로 유용	49	33.3	32	36	17	29.3
융자의 대체자금(운전자금 용도)으로 유용	20	13.6	9	10.1	11	19
융자의 보완자금(운전자금 용도)으로 유용	70	47.6	44	49.4	26	44.8
자금 융통 개선에 유용	21	14.3	12	13.5	9	15.5
자금조달 면에서 유용하지 않음	10	6.8	8	9	2	3.4
기타	9	6.1	5	5.6	4	6.9
무응답	5	3.4	2	2.2	3	5.2
대상 금융기관 수	147		89		58	

주) 복수응답이 있기 때문에 합계가 100%를 초과함.

인식을 하고 있었다.

3개 중 하나의 회사가 융자 후 성장투자자금으로 유용하다고 응답한 점은 <도표 8-1>에서 금융기관의 약 60%가 기존 거래처가 새로운 상품 및 서비스 거래 시에 구매형 CF를 활용하도록 추천한 점과 비슷한 결론에 이른 것으로 보인다. <도표 8-8>의 결과는 지역금융기관과 CF의 보완 관계를 지적한 선행 연구(마쓰오松尾 2014, 사토佐藤 2017)와도 일치한다.

3.4 지역금융기관 수익 측면에서의 유용성

다음으로 지역금융기관이 CF 플랫폼에 융자처를 소개한 경우 CF 플랫폼이 지역금융기관에 수수료를 지불했는지를 확인했다(도표 8-9). CF 관여군에서는 60% 정도, CF 무관여군에서도 40% 정도가 CF 플

<도표 8-9> 지역금융기관이 융자처를 소개하는 경우 CF 플랫폼 사업자로부터 받는 수수료

내 용	합계		CF 관여 있음		CF 관여 없음	
	건수	%	건수	%	건수	%
조달금액의 일정 비율을 지불	9	6.1	9	10.1	0	0
1건당 고정금액을 지불	67	45.6	43	48.3	24	41.4
지불하지 않음	56	38.1	31	34.8	25	43.1
기타	11	7.5	6	6.7	5	8.6
무응답	4	2.7	0	0	4	6.9
합계	147	100	89	100	58	100

랫폼에 거래처를 소개하면서 수수료를 수령했음을 확인했다. 지역금융기관은 수익원의 다각화가 중요한 과제로, 구매형 CF 관여군이 이 과제 해결에 일부 기여하고 있음을 알 수 있다.

3.5 구매형 크라우드펀딩을 통한 지역 활성화 가능성

마지막으로 지역금융기관의 구매형 CF 지원체계와 지역금융기관이 구매형 CF를 통한 지역 활성화 효과를 인식하고 있는지에 대해 살펴봤다. 지역금융기관이 구매형 CF를 시도하는 거래처에 웹사이트상 고지 내용 작성, 수익 예측과 PR 지원 등을 하는 경우 지원체계 여부를 확인했다(도표 8-10). 지역금융기관이 구매형 CF 실시 기업에 지원하면 지역사업자의 경영력과 기술력 향상으로 연결돼 궁극적으로

<도표 8-10> 구매형 CF 실시 기업에 대한 지역금융기관의 지원체계

내 용	합계		CF 관여 있음		CF 관여 없음	
	건수	%	건수	%	건수	%
적극적으로 지원	23	15.6	23	25.8	0	0
가능성이 있으면 지원	60	40.8	45	50.6	15	25.9
특별히 지원하지 않음	50	34	17	19.1	33	56.9
기타	8	5.4	4	4.5	4	6.9
무응답	6	4.1	0	0	6	10.3
합계	147	100	89	100	58	100

주) 사후 방침을 포함함. 통상의 사업계획 작성 지원은 포함하지 않음.

지역 활성화에 기여할 가능성이 높다.

이에 따르면 CF 관여군의 경우 4곳 중 1곳은 적극적이었고 2곳은 가능성이 있으면 지원한다고 응답해, 지역사업자가 지역금융기관과 협력해 구매형 CF를 시도하고 있음을 확인할 수 있었다. CF 무관여군도 4곳 중 1곳은 가능성 있는 융자처에 지원하겠다고 응답했다. 즉 구매형 CF는 지역사업자와 지역금융기관의 접촉 기회를 증가시켜 지역사업자의 경쟁력 향상으로 이어질 가능성이 있다(야모리家森 2014). 지역금융기관도 전국의 성공 사례를 조사하는 등 전문성 향상에 기여해 융자처에 유익한 자문을 할 수 있다. 한편 CF 무관여군은 절반 이상이 특별한 지원을 하지 않는다고 응답했다.

다음으로 산·관·금 연계 촉진 및 창업의 효과성에 대한 응답 결과는 <도표 8-11>과 <도표 8-12>에 나타나 있다. CF 관여군은 산·관·금 연계 효과를 인정한 곳이 절반을 넘는 반면, CF 무관여군은 이를 거의 인식하지 않고 있었다. 창업에서도 같은 경향을 보였다. 지역금융기관 3곳 중 1곳이 구매형 CF가 지역의 산·관·금 연계를 촉진하고 창업에 효과적이라고 응답했다. 즉 구매형 CF가 지역경제 활성화에 기여할 수 있다고 봤다.

마지막으로 <도표 8-13>과 <도표 8-14>는 구매형 CF가 지역사업자에 미치는 영향과 지역발전 효과에 대한 지역금융기관의 인식이다. 지역금융기관은 구매형 CF가 지역사업자의 육성과 지역 활성화 모

<도표 8-11> 구매형 CF는 지역 산·관·금 연계를 가속화하는가 (지역금융기관의 응답)

내 용	합계		CF 관여 있음		CF 관여 없음	
	건수	%	건수	%	건수	%
그렇게 생각한다	48	32.7	48	53.9	0	0
다소 그렇게 생각한다	3	2	2	2.2	1	1.7
별로 그렇게 생각하지 않는다	44	29.9	26	29.2	18	31
그렇게 생각하지 않는다	34	23.1	10	11.2	24	41.4
무응답	18	12.2	3	3.4	15	25.9
합계	147	100	89	100	58	100

<도표 8-12> 구매형 CF가 지역창업을 일으키고 있는가 (지역금융기관의 응답)

내 용	합계		CF 관여 있음		CF 관여 없음	
	건수	%	건수	%	건수	%
일으키고 있다	4	2.7	4	4.5	0	0
다소 일으키고 있다	46	31.3	35	39.3	11	19
별로 일으키고 있지 않다	71	48.3	39	43.8	32	55.2
그렇게 보이지 않는다	21	14.3	11	12.4	10	17.2
무응답	5	3.4	0	0	5	8.6
합계	147	100	89	100	58	100

두에 일정 정도 기여한다고 판단하고 있음을 알 수 있다. 특히 신상품과 서비스 개발, 신규사업의 동기부여, 마케팅력, 지역 외 판매 강화와 연결된 점은 정부가 추진하는 '마을·사람·일 발전 전략'과 합치하며, 구매형 CF는 지역 활성화를 위한 하나의 수단으로 추진 역할을 하는 잠재력을 갖췄다고 말할 수 있다.

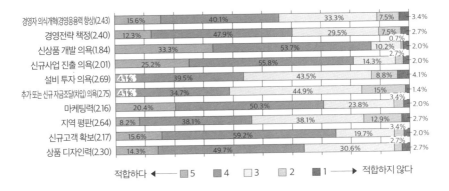

<도표 8-13> 구매형 CF 실시 기업 영향에 대한 지역금융기관의 인식

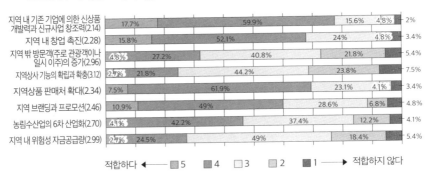

<도표 8-14> 구매형 CF의 지역발전 효과에 대한 지역금융기관의 인식

<도표 8-13>에서 알 수 있는 흥미로운 사실은 지역금융기관이 '구매형 CF가 실시 기업의 마케팅력과 신규사업 진출에 대한 의욕을 향상시킬 수 있다'고 인식한 점이다. <도표 8-14>에서는 구매형 CF가 지역발전에 효과적이라는 점을 인식하고 있는 반면, 위험성 자금 공

급량과 지역 외 방문자 증가에 대해서는 명확히 인식하지 않고 있었다. 따라서 지역 활성화를 위해서는 지역 외 방문자와 위험성 자금 공급량의 증가를 촉진하는 다른 정책도 병행해야 하고, 지역 내외의 인적·물적 교류를 촉진시킬 필요가 있다.

4. 구매형 크라우드펀딩과 지역금융기관의 협업을 통한 지역 활성화 가능성

본 장에서는 전국 지역금융기관을 대상으로 구매형 크라우드펀딩(CF)에 대한 인식과 활용 상황에 관한 설문조사를 했고, 지역금융에서 구매형 CF의 역할과 구매형 CF를 통한 지역 활성화에 대한 시사점을 얻었다. 구매형 CF는 지역금융의 융자 전 단계에서 위험성 자산과 위험 분산의 역할을 수행한다고 할 수 있다. 이를 통해 지역금융기관이 거래처에 제공할 수 있는 해결책이 확대되고 계속거래가 가능하다고 생각할 수 있다. 또한 지역사업자의 자금조달 선택지가 확대된다고도 볼 수 있다.

구매형 CF는 대상 상품과 서비스의 품질 그리고 잠재 고객의 수요와 관심의 크기 등 보다 많은 정보를 다면적으로 획득할 수 있도록 한다. 이는 금융기관, 사업자 그리고 소비자 사이의 정보 비대칭성 완화에 도움이 되지만, 전체 지역금융기관의 40% 이상이 이러한 구매형 CF 정보를 참고는 하나 아직까지는 여신과 융자를 판단하는 데까지 실질적인 영향을 미치고 있지는 않다고 볼 수 있다.

전국 지역금융기관 3곳 중 1곳은 구매형 CF를 자신의 거래처에 추천하지 않는다고 응답했다. 한편 이들 지역금융기관 중 약 절반은 구매형 CF가 실시 기업에 자금조달 이외에도 신상품과 서비스의 개발 의욕, 신규사업에 대한 동기 부여 그리고 마케팅력의 향상 등 여러 효과를 나타낼 수 있다고 응답했고, 구매형 CF 실시 기업에 대한 좋은 인상도 인정하고 있었다.

그럼에도 불구하고 거래처에 구매형 CF를 추천하지 않은 이유는 지역금융기관이 구매형 CF를 잠재적인 경쟁자로 생각하고 있거나 CF의 수수료가 높다고 생각하기 때문이라는 점을 알 수 있었다. 구매형 CF를 거래처에 추천하는 지역금융기관의 절반 이상은 구매형 CF가 신규고객의 획득과 기존 거래처의 추가융자에 긍정적인 효과가 있으며, CF의 수수료도 적정하다고 응답했다. 또한 구매형 CF의 실시를 통한 사업자의 경영실적 개선 효과와 지역발전 효과에 대한 인식이 폭넓게 공유돼 있음을 확인할 수 있었다. 이러한 인식이 실제 체험을 통해 형성됐는지 아니면 선행 이미지로 인한 효과였는지는 이번 연구만으로는 판단할 수 없고 향후 계속적인 사례 연구를 통해 명확히 할 필요가 있다.

다만 선행 연구에서도 지적했듯이 개별 CF만으로 지역 활성화를 추진하기는 어렵다. 지역 내에서 여러 시도가 상호 연결돼 점에서 면으로 이어질 필요가 있으며, 이 경우 지방자치단체와 지역금융기관의 산·관·금 연계는 매우 중요하다. 그러나 일부 지역금융기관이 구매형 CF를 잠재적인 위협으로만 인식할 경우 산·관·금 연계가 어렵다. 사업자뿐만 아니라 지역금융기관에도 유익한 사례 축적이 필요하며 앞으로 계속적인 연구를 기대한다.

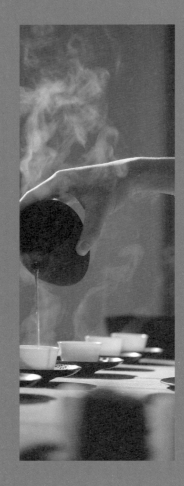

09

지역 과제 해결을 위한 사회적 금융의 역할

—일본형 공공 크라우드펀딩의 동향

1. 지방자치단체 주도형에서 시민참여형으로 변화

본 장에서는 마을 조성과 지역 과제를 해결하기 위한 크라우드펀딩
(CF)과 고향납세의 유용한 활용 방안에 대해 검토한다. 양자는 밀접
하게 관련돼 있지만 활용 목적이 일치하지 않기 때문에 그 특성과 사
용 방법을 정리할 필요가 있다.

원래 지역 과제를 해결하는 주된 기관은 지방자치단체와 같은 공
공기관이다. 많은 지방자치단체는 '지역소멸'이라는 말로 대표되는
인구 감소, 저출산·고령화와 이로 인한 지역산업의 경쟁력 저하로 지
역경제가 축소되면서 충분한 재원을 확보하지 못하고 있다. 그리고
일본 총인구 중 65세 이상의 인구 비율은 28.4%로 세계적으로도 높
은 수준이다(총무성 2019). 고령자층의 정치적 영향력이 커지고 '실
버 민주주의'의 색채가 짙어지면서 지방자치단체가 과제에 대응하는
과정에서도 실버세대의 의견을 우선시할 수밖에 없는 상황이다. 이러
한 상황에서 지역 과제를 해결하기 위한 새로운 재원 확보 방안으로
사회적 금융이 각광받고 있다.

앞 장에서 본 CF가 사회적 금융으로 주목받고 있다. 대중(크라우

드)으로부터 자금을 조달받는다는 점에서 기존의 출자나 융자와는 다른 제도다. 세계적으로도 많은 사례가 있고, 일본에서도 몇몇 지역에서 CF 플랫폼을 설치하고 있다. 또한 일본의 독자적인 제도로 지방자치단체가 자금을 조달하는 '고향납세'도 있다. 고향납세는 본인이 거주하는 지역 이외에 스스로 정하는 다른 지방자치단체에 기부하는 제도다. 답례품만 주목받는 경우가 많지만 원래는 지역에 새로운 자금 흐름을 유입하는 수단이다. 이하에서는 지역 과제를 해결한 사례를 몇 가지 소개한다.

1.1 후순위 지역 과제 해결

오사카부 병원기구인 오사카 모자진료센터는 2017년 CF를 통해 신생아 보육기 구입자금을 모집했다. 당초 300만 엔을 목표로 정했으나, 1,000만 엔 이상이 모금돼 보육기 3대를 무사히 구입할 수 있었다. 그러나 이러한 모금 행위에 대해 2017년 9월 14일 매일신문에서는 '세금으로 우선 구매했어야 했다는 비판의 목소리가 인터넷상에서 나오고 있다'고 보도했다. 지방자치단체의 보육기 구입 시도 자체를 비판하는 것이 아니라, 보육기라는 중요한 물건을 세금으로 지원하지 않은 사실에 대해 논란이 인 것이다.

　CF와 고향납세의 역할은 사회 과제와 지역 과제의 가시화에 있다. 보육기의 구입이 중요한 과제라는 사실은 누구나 인정한다. 그러나 지방자치단체에는 인적·물적 자원이 한정돼 있어서 사회 과제나 지역 과제 중 중요도나 우선순위가 높은 과제부터 예산을 배정한다.

그렇다면 보육기에 자금을 배정하지 않은 이유는 무엇이었을까? 해결해야 할 사회 과제와 지역 과제의 우선순위는 누가 결정할까? 단체장과 의회. 그리고 지방의회 의원은 지역주민이 선출하고, 지역 유권자 중에는 고령자가 많다. 고령사회에서는 고령자가 선거에서 차지하는 비중이 상대적으로 높기 때문에 지역 의원과 단체장은 고령자를 위한 과제에 우선순위를 둘 수밖에 없다. 보육기의 사례는 그야말로 상징적인 것이다.

행정적으로 어떤 과제를 해결하려고 할 때에 그것이 1억 엔이 소요되는 사업(과제)이든 100만 엔이 소요되는 사업이든 각 사업에 필요한 인적·물적 자원은 거의 유사하다. 그렇다면 1억 엔의 사업(과제)을 먼저 실시하게 되고, 수백만 엔이나 수십만 엔의 과제는 자금 이외에도 다른 자원의 부족으로 제대로 대응할 수 없게 된다. 보육기도 1대당 300만 엔으로 금액 면에서는 크지 않았다.

1.2 지방자치단체 예산 확보의 민주화

다른 사례를 소개한다. 에히메현 이마바리시는 멧돼지로 인한 농작물

피해를 고민하고 있었다. 그리고 이 해결책으로 CF형 고향납세를 활용해 멧돼지고기를 이용한 '사골 라면가게'의 개업 자금을 지원했다. 이마바리시는 지역 과제의 해결과 지역 명물의 탄생이라는 일석이조의 효과를 위해 CF로 400만 엔의 모금운동을 진행한 것이다. 자금조달 방식은 이마바리시의 재정과가 아닌 기획과와 지역진흥실에서 기획했다. 지방자치단체의 기존 자금조달 방식과 달리 CF형 고향납세는 사업담당과에서 독자적으로 자금조달을 진행시킬 수 있다.

일반적으로는 각 사업담당과에서 예산이 필요한 때 다음 연도분의 예산을 전년도 여름에 기안해 재정과에 제출하는데, 제출 시점에는 앞서 말한 우선순위 문제에 직면하게 된다. 짐승 피해 대책의 중요성은 누구나 인식하고 있지만 우선순위가 낮아서 예산을 할당받기 어렵다. 설사 예산이 할당될지라도 대폭적으로 감액되거나 예산기획안을 제출한 지 1년 후이므로 민간 부문에서는 생각할 수 없는 비효율이 발생한다. 그리고 그때부터 프로젝트를 시작하게 되면 실제로 과제를 해결하기까지는 2년 이상이 걸린다.

이와 비교하면 CF나 고향납세는 빠른 기동성을 갖는다. 인터넷을 통해 자금을 조달하기 때문에 해당 과제에 관심 있는 사람을 전국적으로 모집할 수 있다. 또한 SNS 등에 알려지는 대중 홍보효과도 있다. 경우에 따라서는 주요 매스컴에 보도되기도 한다. 사회 과제와 지역 과제에서 중요한 점은 '과제 자체에 관심을 가지고 알아주는 것'이다.

이 점에서 CF와 고향납세는 매우 뛰어난 장점을 가진다.

지방자치단체 각 담당과에서 독자적으로 자금조달을 추진할 수 있다는 점은 일종의 예산확보 측면에서도 민주화라고 말할 수 있다. 지금처럼 다수결에 기반을 둔 민주주의제도하에서는 소수파나 사회적 약자를 위해서는 예산을 배정하지 못하는 경우가 발생할 수 있다. 보육기나 짐승 피해 관련 예산도 많은 금액을 필요로 하지 않는다. 그리고 1억 엔의 사업에서 수백만 엔을 삭감해도 해당 사업 실행에는 큰 변동이 없다. 한편 예산이 배분되지 못한 과제에 수백만 엔을 배정하면 그 효과는 매우 클 것이다. 관공서에서도 이러한 사실을 당연히 알고 있다. 그러나 1억 엔의 사업에서 수백만 엔을 삭감해 그것을 새로운 사용처에 쓰기에는 또 다른 인적·물적 지원이 필요하므로 대부분 원안 그대로 1억 엔 사업을 실시하게 된다.

이러한 상황에서 CF와 고향납세는 작은 사회 과제나 지역 과제에 관심을 불러일으키는 역할을 수행한다.

2. 크라우드펀딩과 고향납세 사이의 선 긋기와 역할 분담

2.1 실시 주체의 제약과 자금제공자를 위한 세제 혜택의 차이

원칙적으로 고향납세의 자금조달 주체는 지방자치단체다. 지방자치단체뿐만 아니라 기업·개인·NPO 등 누구든지 의지만 있으면 자금을 조달할 수 있는 일반 CF와 달리 고향납세는 구조적으로 '지방자치단체만이 활용할 수 있다'는 특징이 있다. 부수적으로 자금제공자에게 제공되는 세제상 혜택도 다르다.

고향납세는 기부금액이 2,000엔을 초과하면 주민세와 소득세를 공제 또는 환급받는 세제 혜택이 있다. 그러나 일반 CF는 세제상 혜택이 없는 경우가 많아서 자금제공자는 지출액 모두를 부담하게 된다. 세제상 혜택을 받는 경우도 있지만, 부분적인 소득공제만 가능하고 고향납세 정도의 혜택은 받지 못한다. 따라서 자금제공자는 실질적인 금전 부담만을 생각한다면 일반 CF보다 고향납세를 활용하는 게 좋다.

2.2 실시 주체에 따른 영향

또 개인과 조직이 고향납세를 통해 자금을 제공하면 지방자치단체의 암묵적인 지원을 받는다. 지방자치단체 입장에서는 고향납세를 활용해 과제를 해결하면 재원을 절약할 수 있다는 장점이 있다. 그래서 고향납세를 활용해 지역 과제를 해결하는 프로젝트를 공모하는 지방자치단체가 많아지고 있는 것이다.

이러한 경우 지방자치단체가 추진하고자 하는 프로젝트뿐만 아니라 실시 주체에 대한 심사가 중요하다. 예를 들어 효고현 고베시는 고향납세를 활용해 민간기업과 개인이 지역 스타트업을 육성·지원하도록 했다. 지방자치단체는 희망사업자를 공모·심사해 인증하고, 인증받은 사업자는 CF 사이트에서 자금을 조달할 수 있다. 지방자치단체는 해당 프로젝트가 고향납세 대상이 된다는 점을 사이트상에 설명하고, 자금을 제공한 자는 고향납세의 세제상 혜택을 받는다. 도쿄 구로다구도 CF형 고향납세를 활용해 '스미다의 꿈'이라는 응원 프로젝트를 추진했고, 이 민간 프로젝트에 보조금을 지원했다. 이처럼 민간 사업자는 CF형 고향납세를 통해 지역 과제와 사회 과제를 해결할 수 있게 됐다.

CF는 고향납세와 비교해서 기동력이 뛰어나다. 지방자치단체의 심사를 거칠 필요가 없고, CF 포털사이트에 게재를 신청하면 절차가 종료된다. 물론 CF 포털사이트에서도 자체 심사가 있어서 게재가 안 되는 경우도 발생한다. 다만 고향납세 프로젝트는 지역 과제 해결과 연관돼야만 하는 반면에 일반 CF는 프로젝트상 아무런 제약 조건이 없다. CF는 여러 가지 사업을 보다 자유스럽게 구상할 수 있다.

이상으로 보면 고향납세와 관계없는 일반 CF는 개인·기업·NPO 등이 독자적으로 프로젝트를 실시할 수 있으며 자금제공자도 이들 실시 주체와 가까운 사람이 중심인 반면, CF형 고향납세는 공모와 심사·인증을 거쳐 지역 과제와 사회 과제를 해결하고 있다고 정리할 수 있다.

지방자치단체가 실시하는 CF형 고향납세 프로젝트는 사전 공모와 심사를 거치기 때문에 거의 확실하게 실시되는 장점이 있고, 일반 CF는 사업 추진 절차가 어렵지 않아 다양한 사업이 존재하는 장점이 있다. 자금제공자 입장에서는 사전에 이러한 점을 분석할 필요가 있는데, 실제로 일반 CF에 자금을 제공했으나 사업이 예정대로 실시되지 못한 경우도 발생하고 있다.

3. 공공 크라우드펀딩

최근 영·미에서 지역 커뮤니티 과제 해결에 특화된 '공공 크라우드펀딩(CCF - Civic CF)'이 활발하게 활용되고 있다. 일본에서도 CF나 고향납세를 활용한 지역 과제 해결 방안으로 일본판 공공 크라우드펀딩이 이용된다. 이하에서는 CCF의 가능성과 과제에 대해 검토한다.

CCF는 새로운 형태의 CF로, 시민으로부터 출자를 받아 공동체 과제인 사회 문제를 해결한다는 점에서 기존의 CF와는 다른 특징을 갖고 있다. 아직 규모는 크지 않지만 사회·교육·문화 관련 이벤트 등 많은 사회 문제 해결에 공헌하고 있으며 다수의 공공재를 만든다 (Charbit and Desmoulins 2017). 이는 시민과 시민조직, 지방자치단체가 공공의 이익을 목적으로 하는 프로젝트를 위해 자금을 활용할 수 있는 중요한 기회임을 입증한다. CCF는 특정 프로젝트에 시민이 기부한 자금을 활용할 수 있고(Stiver et al. 2015), 정부 예산이 부족할 때는 대체재원으로 사용할 수 있다는 점에서 주목받는다(Gray 2013).

Davies(2014)가 2012년 6월부터 2014년 3월까지 4개 국가 7개 플랫폼에서 수집한 1,224건의 CCF 프로젝트를 조사한 결과에 따르면 771개가 목표금액을 달성했다. 프로젝트 전체의 평균조달액은 204.36달러이며, 목표금액에 도달한 프로젝트의 평균조달액은 9,502달러였다. 그는 프로젝트를 15개로 분류했다.

그중 가장 많은 항목은 '공원·정원(전체의 4분의 1)'이었고, 다음은 '이벤트' '교육·훈련(둘을 합해 전체의 4분의 1)' 순이었다. 대도시에 작은 규모의 정원·공원 조성이라는 지역사회의 공공재 수요 해결에 CCF를 활용하는 것이다. 자연재해에 대응하기 위해서도 지역을 초월해 기부자를 모집해야 한다는 의견도 있다(Charbit and Desmoulins 2017). 이상으로 CCF는 지역주민의 혜택을 높이기 위한 지역 과제 해결 용도 이외에도 빈곤 문제나 재해대응 등 사회적인 과제를 해결하기 위한 유용한 자금조달 수단이라고 할 수 있다.

4. 고향납세에 의한 일본판 CCF 동향

4.1 일본판 CCF의 개요

일본판 CCF는 고향납세제도를 통해 자금을 조달해 지방자치단체가 안고 있는 과제를 해결하기 위해 특정 프로젝트를 실시하는 방안이 중심을 이룬다. 고향납세 사이트를 운영하는 트러스트뱅크가 2013년 9월 '거버먼트 크라우드펀딩(GCF)'이란 이름으로 시작했으며, 2018년 4월 이 회사의 계열사인 아이모바일이 '고향 크라우드펀딩', 5월 소프트뱅크계 사토후루가 '사토후루 크라우드펀딩'이라는 명칭으로 동일한 시스템을 제공하고 있다(일본경제신문 2018년 11월 17일).

일본판 CCF는 지역 과제를 해결하기 위해 고향납세 기부금의 사용처를 구체적인 프로젝트로 지정하고, 그 프로젝트에 공감한 전국의 국민으로부터 기부금을 모금한다. 모집한 기부금이 목표금액에 도달하지 않을 경우에도 기부금을 반환하지 않으며, 기간을 연장하거나 부족분을 지방자치단체가 보전해 프로젝트를 실시하는 경우도 있다.

일반 고향납세 기부자는 통상 '교육' '복지' '산업진흥'처럼 큰 주제로 용도를 지정하나, 일본판 CCF는 사전에 구체적으로 프로젝트를 제시해 고향납세의 본래 목적 중 하나인 '납세자에게 세금의 사용 방법을 생각하게 하는 계기를 제공'하는 효과가 있고, 시민이 사회 문제에 관심을 가질 기회가 될 수 있다. 또한 실버 민주주의에서는 좀처럼 예산 책정이 어려운 청년층·육아층 또는 사회적 약자를 위한 프로젝트도 실시할 수 있다.

Adhikary et al.(2018)은 일본의 CF는 유럽과 미국의 단기적인 이익지향 CF와 달리 장기적인 연계성을 구축하는 경향이 있음을 지적하고, 커뮤니티(지역사회)나 스테이크홀더(이해관계자)를 위해 이익이 발생할 가능성도 시사한다. 일본판 CCF는 CF 전체 취지와도 합치하므로 향후 발전 가능성이 높다.

일본판 CCF의 특징 중 하나는 신속한 대응이 가능하다는 점이다. 지방자치단체 내에서 합의하는 데 다소 시간이 걸리지만, 프로젝트를 시작한 후에는 바로 기간을 나눠 자금조달이 가능하고 자금조달 기간이 종료되면 곧바로 사업을 시작할 수 있다. 일반적으로 지방자치단체의 예산 책정에는 기획재정 담당자에 의한 조정과 의회의 승인이 필요하지만, 일본판 CCF는 현장을 담당하는 각 부서의 주도로 자금조달에서 프로젝트의 실시까지 모두 이뤄진다. 실제로 필자가 진행한 에히메현 이마바리시의 설문조사에서도 일본판 CCF를 활용한 이유가 담당 부서 주도로 실시가 가능하기 때문이라는 응답이 있었다.

　일본판 CCF에 의한 자금조달의 경우 지방자치단체 주도로 모금한 자금이기 때문에 지방자치단체 간에 경쟁할 필요가 없으며, 지역 내 다른 과제와의 우선순위에서도 문제가 없다. 그리고 실버 민주주의의 단점도 극복할 수 있다. 또한 고향납세는 지방자치단체가 지역 외부로부터 모금한 기부금이기 때문에 지방자치단체의 세입이 증가하면서도 일반적인 세수와 달리 다음 연도에 지방자치단체가 받는 지방교부세 교부금액에 영향을 주지 않는다.

4.2 일본판 CCF의 상황

일본판 CCF를 가장 활발하게 실시하는 고향납세 플랫폼 '고향납세 초이스' 데이터에 따르면 2019년 5월 20일 현재 445건의 프로젝트가 실시됐고, 그중 175건이 목표금액을 달성했다. 고향납세초이스는 광역 연계형 일본판 CCF를 실시하고 있다. 전국 지방자치단체 공통 과제를 중심으로 여러 지방자치단체를 연계해서 사회 과제에 집중할 수 있도록 해 기부금을 효과적으로 모금한다. 실제로 고향납세초이스 전체에서 일본판 CCF의 목표달성률은 39.8%인 데 비해, 광역 연계형 일본판 CCF의 목표달성률은 55.1%로 높은 수준을 보이고 있다 (2019년 5월 현재).

데이터를 조금 더 자세히 살펴보면, 기업가 지원에서 광역 연계형 일본판 CCF가 약 50%를 차지하고 있다. 지역에서 기업가 배출을 통한 지역경제 활성화에 대한 기대가 높다는 점을 알 수 있다. 한편 자금은 재해대응·동물애호·아동빈곤 등 사회적인 과제에 모인다. 재해복구에 대한 평균기부액이 가장 많았고, 한 개 사업을 제외하고 모든 사업에서 목표금액을 달성했다. 지역에서 재해 등 사회적으로 크게 화제가 된 문제에 자금이 모이는 점은 Charbit and Desmoulins(2017)가 CCF 재해지원에 관해 언급한 내용과 일치한다.

4.3 일본판 CCF의 재해지원

호우·지진·적설 등 매년 반복되는 재해를 대상으로 일본판 CCF에 기부하려는 움직임이 정착되고 있다. 최근에는 코로나19와 관련된 의료종사원과 피해 사업자를 위한 자금 모금이 자주 등장했다. 고향납세는 기부자로부터 받은 자금을 중간조직을 위한 운영비 감액 없이 거의 전액을 재해지역(사람)에 전달할 수 있다. 고향납세에 일본판 CCF를 결합해 추가 지원한 사례도 있다.

또한 재해대응 과정에서는 지원의 계속성과 지원자에 대한 결과보고가 중요하다. 고향납세 포털사이트는 홍보 기능이 있기 때문에 자원봉사자의 모집과 물품의 지원 등 기부금 이외에 재해지원지역에 필요한 인적·물적 자원에 대한 정보를 사이트에 공개한다. 또한 이용자가 사이트에서 재해지원 결과를 확인할 수 있도록 한다.

그리고 다른 지역에서 기부금 모금 업무를 대행해주기도 한다(대리기부). 재해를 당한 지방자치단체는 복구 업무에 집중해야 하기 때문에 고향납세 기부금 모금 업무까지 할 여력이 없다. 이때 다른 지방자치단체가 모금 업무를 대행해 재해를 당한 지방자치단체를 지원한다. 다른 방법으로 재해를 당하지 않은 지방자치단체가 고향납세로 기부받은 금액의 3%를 재해 지방자치단체에 기부하는 것도 있다. 이처럼 많은 지방자치단체가 고향납세라는 통일된 시스템을 도입하고 있기 때문에 일본판 CCF는 전국적인 기동성을 가진 시스템으로 발전했다. 고향납세는 답례품 수령을 주목적으로 하는 기부금도 많아 이 제도의 장단점에 대해 여러 논의가 있지만, 앞으로도 일본판 CCF를 통해 재해지원에 보다 적극적으로 활용되길 바란다.

5. 일본판 CCF와 민간기업의 협업

5.1 민간 컨소시엄을 통한 사업 성공

일본판 CCF의 다른 특징은 민간기업과의 협업을 통해 큰 성공을 거둔 사례가 등장했다는 점이다. 도쿄 분쿄구가 일본판 CCF를 통해 빈곤층 아동을 위한 '아동 식사 택배사업'을 시행했는데, 예상보다 많은 기부금이 모금됐다. 이러한 성공은 지방자치단체와 NPO 그리고 민간기업의 협업으로 가능했다. 구체적으로 살펴보면, 소아 환자의 보육을 실시하는 플로렌스라는 NPO법인이 주체가 돼 분쿄구를 접수창구로 하고 LINE@이 잠재적으로 식사 택배 서비스를 필요로 하는 가정과의 커뮤니케이션을 담당했다.

일반적으로 NPO가 단독으로 자금조달과 아동 식사 택배사업을 실시하려고 하면 신뢰도가 부족해 의도한 성과를 얻기가 쉽지 않다. 그러나 지방자치단체가 관여하면 신뢰도를 상승시킬 수 있다. 한편 지방자치단체는 독자적으로 홍보활동을 하거나 주민의 수요를 파악해 적절한 서비스를 제공하기 어렵다.

또한 NPO 측에서 커뮤니케이션 수단으로 LINE@을 제안했다. LINE@의 사용은 지방자치단체가 고려하기 어려운 아이디어다. 아동 식사 택배사업에 대한 문의와 신청을 지금까지 해오던 방식대로 우편·전화 및 지방자치단체 창구에서 서류로 제출하기보다는 LINE@을 이용하는 방법이 물리적으로나 심리적으로 편리하다.

실제 아동 식사 택배사업에 예상보다 많은 신청이 들어온 것은 LINE@을 도입했기 때문이다. 그리고 제2차, 제3차 사업 실시로 이어졌다. 이 사례에 대한 상세한 내용은 '2017년 크라우드펀딩을 통한 지

역활성화연구회 보고서(공익재단법인 오사카시정촌진흥협회, マッセOSAKA)'에 정리돼 있다.

아동 식사 택배사업의 사례는 지방자치단체, NPO 및 민간기업 등 여러 단체가 컨소시엄을 형성해서 성공한 사례다.

5.2 지역의 과제의식과 지방자치단체의 개인·기업 지원 구조

분쿄구의 사례 이외에도 지방자치단체, NPO 및 민간기업 등이 협업한 일본판 CCF 사례는 다수 존재한다. 도쿠시마현 묘자이군 가미야마쵸는 벌채할 수 없는 삼나무(인공림) 때문에 삼림의 수분 유지력이 저하되는 문제를 해결하기 위해 삼나무 활용을 촉진하기 위한 신상품 개발 프로젝트를 실시했다. 시마네현 운난시는 방문간호사의 발전형인 커뮤니티 간호사(지역간호사)를 정착시키기 위한 프로젝트를 시행했다. 이는 지역 어디에서나 간호사를 만날 수 있는 환경을 조성하는 것으로, 지금처럼 병원에서 환자를 기다리는 의료가 아닌 환자를 직접 찾아가는 의료 서비스로서 예방의료의 기능도 있다. 일본판 CCF 프로젝트 소개 웹사이트는 상세한 설명과 함께 프로젝트 실시 주체가 의도하는 목적도 거재하기 때문에 공감하기 쉽다. 찬성자가 많으면 많을수록 목표 기부금액을 빨리 달성할 수 있으며, 목표금액 달성은 곧 프로젝트 실시로 이어진다.

열의가 있는 민간기업, NPO법인 그리고 주민 서비스를 향상시키고 싶으나 자원과 홍보력이 부족한 지방자치단체가 협업하는 방식인 일본판 CCF는 앞으로도 더욱 발전할 가능성이 높다. 실제로 사가현은 지역 내에 한정하지 않고 전국 NPO를 대상으로 사가현의 고향납세 CCF를 활용해 지역 과제와 사회 과제를 해결하고 있다. 열의가 있는 NPO는 사가현의 과제 해결을 위한 파트너가 될 수 있으며, 사가현은 NPO의 활동을 지역 활성화와 연계하고 있다.

6. 일본판 CCF의 마을 조성 효과

일본판 CCF의 부수적인 효과 중 하나는 지방자치단체가 마을 조성에 대해 생각할 수 있는 기회가 생겼다는 점이다. 고향납세 시스템을 활용해 자금을 조달하지만 일반적으로 고향납세는 사용처보다는 기부자에게 호응을 받을 수 있는 매력적인 답례품 제공을 위해 노력한다. 그리고 모집한 기부금은 기금으로 처리하고, 나중에 그 사용방법을 검토한다.

그러나 이런 와중에 지방자치단체의 여러 담당과에서 기부금을 일반재원으로 사용하자는 의견이 커질 수 있다. 만일 기부금을 일반

재원으로 사용하면 모처럼 뜻있게 모금한 자금이 어떻게 사용됐는지 모른 채 구름과 안개처럼 사라질 수 있다. 또한 지역주민이 고향납세 혜택을 받지 못하고 있다는 불만에 대응하기 위해 몇몇 지방자치단체는 고향납세 혜택을 지역주민이 바로 인식할 수 있도록 건축물을 신축한 경우도 있다. 그러나 건축물은 신축에 필요한 재원뿐 아니라 계속해서 소요되는 유지비까지 생각하지 않으면 안 되는데, 건축물 유지비에 대한 고려 없이 새로운 과제를 떠안은 지방자치단체 사례도 여럿 존재한다.

일본판 CCF는 구체적인 용도를 미리 정하기 때문에 지역주민을 위한 사업뿐 아니라 외부용도, 예를 들면 이주 촉진이나 벤처기업의 스마트오피스 유치 등에도 사용할 수 있다. 하지만 지금까지 기부금을 전략적으로 사용하는 지방자치단체의 사례는 거의 없었고, 대부분 재원 삭감이나 비용 절감을 위해 사업을 축소시키는 노력을 해왔으며 적극적으로 마을을 조성하고자 한 자치단체도 많지 않았다.

이 때문에 일본판 CCF를 시행하기 위해서는 적극적인 사고의 전환이 필요하며, 지방자치단체에 마을 조성을 검토하는 계기를 제공한다. 그리고 민간기업과 NPO가 협업하는 기회가 생기기 때문에 보다 다이내믹한 발상으로 많은 관계인구를 형성할 수 있다. 일반적으로 고향납세는 답례품의 영향이 커서 아무래도 1차 산업 생산품이 풍부한 지방이 유리할지 모르나 도쿄 분쿄구의 사례에서 보듯이 일본판 CCF를 제대로 활용하면 도시 지역의 지방자치단체도 불리하지 않다.

7. 일본판 CCF의 잠재적 과제

7.1 단순한 안건에 대한 지역의 높은 수요

일본판 CCF를 실시할 경우 자금제공자는 지역 밖의 사람이기 때문에 성공적인 자금조달을 위해서는 프로젝트를 알기 쉽게 설명해야 한다. 여기서 염두에 둬야 할 것은 지역 밖의 사람들에게 프로젝트가 얼마나 그리고 왜 중요한지를 이해시켜야 한다는 점이다. 해당 지역에는 중대한 과제일지라도 이를 제대로 설명하지 못하면 지역 밖의 기부자는 단순한 과제로 생각해 기부를 하지 않을 수도 있다. 이런 이유 때문에 CCF만의 독특한 경쟁이 생길 수 있다. 예를 들어 어느 지방의 하수도 정비 프로젝트와 도쿄올림픽을 위해 도로변에 꽃을 심는 프로젝트를 수평적으로 놓고 본다면 어느 쪽에 관심이 더 클까? 또는 개 살처분, 질병 치료 및 빈곤 대책 등 공감하기 쉬운 프로젝트와 비교하면 어떨까? 일본판 CCF가 해결하고 싶은 과제는 모두 각 지역과 사회에서 중요한 문제다. 그러나 프로젝트 간 경쟁으로 프로젝트가 갖는 독창성, 개성, 공감 연출이 과도하게 표현될 우려가 있다. 지금까지는 이런 우려가 기우에 불과했으나 향후 잠재적 과제로 주의가 요구된다.

7.2 지역 과제 vs 사회 과제

또 다른 과제로 지역 과제와 사회 과제의 구분이 문제 될 수 있다. 고향납세는 지역에 대한 기부금이므로 지역 과제 해결을 위해 사용하는 데는 큰 저항이 없다. 그러나 지역을 특정하지 않고 사회 과제(예를 들어 난치병 치료)를 해결하는 데 사용한다면 지역주민으로부터 '왜 우리 지방자치단체에서 해야 합니까?' '국가에서 해야 할 일 아닙니까?'라는 반응이 나올지 모른다. 이 점에서 지역 과제와 사회 과제에 관한 집중적인 논의가 필요하며, 일본판 CCF에 냉수를 끼얹기보다는 일본판 CCF가 잘 뿌리내려 정착하는 데 중점을 둬야 한다. 그리고 여러 가지 지역 문제와 사회 문제를 부각시켜나가면서 향후 어느 과제를 어떤 재원과 방법으로 해결할지를 고민하는 편이 좋을 듯하다.

7.3 지방자치단체 개입의 장점과 단점

왜 지방자치단체가 고향납세를 실시하는지 설명할 필요가 있다. 지방자치단체가 시행 주체가 되면 관련 프로젝트의 신뢰도는 높아진다. 이 때문에 민간기업이 외부기관(NPO)과 함께 사업을 추진할 경우 특히 이들 민간기업과 외부기관에 과도한 이익이 배분되지 않도록 주의해야 한다. 지금까지는 지방자치단체가 민간기업과 외부기관의 협업을 통한 이익 공여를 과도하게 경계한 나머지 지역 과제 해결을 위해 민첩하게 움직이지 못한 측면이 많았기 때문에 향후에는 민관 협업 시도를 보다 촉진시켜야 한다.

일본판 CCF는 고향납세 시스템을 활용하기에 지방자치단체 간 긴밀한 협조가 필요하다. 그리고 지방자치단체에 열정적인 담당 직원이 있는지의 여부에 따라 일본판 CCF의 실시 가능성이 크게 좌우될 수도 있다.

지금까지 논의한 일본판 CCF는 고향납세의 일환이기 때문에 세액공제 혜택을 누릴 수 있는 반면, 같은 방식을 일반 CF에서 실시하면 이러한 혜택을 누릴 수 없다. 향후 일본판 CCF의 경우 일반적인 CF 방식으로는 지역 과제 해결형 사업 확대가 어려울 수도 있다. 이런 점을 포함해 다음 절에서는 일반적인 CF를 통한 일본판 CCF를 살펴본다.

8. CF 플랫폼을 통한 일본판 CCF

앞에서 살펴본 일본판 CCF는 고향납세 시스템을 이용하기 때문에 지방자치단체와 긴밀하게 협조해야 한다. 그러나 지방자치단체가 관여하기 어려운 지역 과제나 사회 과제를 해결하고 싶은 경우나 지방자치단체를 관여시킴으로써 기동성이 상실되는 경우에는 고향납세 시스템이 아닌 일반CF 방식의 CCF를 실시하는 편이 좋다. 앞서 언급한 것처럼 세제상 혜택은 약하지만 열의가 있는 개인과 조직 또는 기업이 해당 과제를 빠르게 프로젝트화할 수 있다는 점에서는 일반CF가 CCF를 의도한 대로 활용할 수 있다.

이 분야에서는 대규모 CF 사이트인 레디포가 여러 프로젝트를 다룬다. 특히 2020년에는 코로나19에 대응한 의료관계자와 피해를 입은 사업자를 위한 지원 프로젝트가 많이 등장했다. 코로나19처럼 긴급한 지원이 필요한 경우는 개인과 기업이 단독으로 CCF를 실시하는 편이 대처하는 데 빠르다.

필자는 레디포에서 2020년 6월까지의 자금조달액 중 상위에 속하는 65건의 프로젝트를 심층 조사했다. 그 결과 24건이 기부형이었고, 41건이 구입형이었다. 다만 41건의 구입형 중 어떤 형태의 물건을 만드는 프로젝트는 1건밖에 없었고, 대부분의 프로젝트는 지역 이벤트 개최, 의료와 복지 및 교육을 위한 현장사업으로 채워졌다. 다시 말해

레디포의 구매형 CF 사업은 지역 커뮤니티에 참가하는 사업이 대부분이었다는 점에서 CCF 안건과의 친화성이 높았다고 할 수 있다.

65건 중에서 22건은 의료지원(암치료 연구 8건, 대학 연구 5건 등), 5건은 지역상공회의소에 관한 건이었다. 의료지원은 지방자치단체가 단독으로 실시할 수 있는 지역 과제는 아니고 오히려 사회 과제여서 지방자치단체의 권역을 초월한 지원이 필요하다. 이 때문에 특정 지방자치단체를 전제로 하는 고향납세 CCF는 의도한 대로 사용하기 어렵다. 반대로 상공회의소가 추진하는 사업은 주로 코로나19로 수익이 낮아진 지역음식점 지원이 주된 내용인데, 지방자치단체 내에서 '왜 음식점만 지원하느냐'라는 비판이 일었을 때 설명이 궁해질 수 있다. 따라서 고향납세에 의한 CCF는 한정된 대상범위에서 시행될 때는 적합하지 않다.

이처럼 지방자치단체가 해결할 필요가 있다고 인정되는 지역 과제는 고향납세 CCF가 유용하며, 여러 지방자치단체가 관련되는 사회 과제는 CCF가 유용하다. 고향납세의 재원은 세금이기 때문에 사업 실시에 따른 장애물이 높지만, CCF는 그 사이를 잘 메울 수 있다.

9. 일본판 CCF의 과제

본 장에서는 공공 크라우드펀딩(CCF)을 통한 시민참가형 지역 과제 해결 가능성에 대해 논의했다. CF와 고향납세 시스템 모두 CCF를 활용할 수 있다. 이들은 자금조달을 위한 수단이지만 지역 과제나 사회 과제를 위한 역할도 크고 의료지원과 재해지원 분야에서도 유용하다. 또한 이들 과제 해결을 위한 예산 획득의 민주성도 갖췄다.

CCF는 실버 민주주의하에서 지역발전이라는 과제 해결을 위한 수단으로 활용 가능성이 높다. 아직은 시작 단계이고 상세한 분석은 향후 과제지만 CCF 기부자의 특성, 지방자치단체 규모가 기부금액에 미치는 영향 및 사업 실시 후 성과 등 향후 여러 논점을 고려한 연구 축적이 필요하다.

또한 제도 면에서도 개선의 여지가 있다. 향후 지역 과제 해결을 위해 CCF도 고향납세처럼 세제상 혜택을 둘 필요가 있지는 않은지 검토할 만하다.

10

디지털토큰·지역화폐의 가능성과 과제

—히다신용조합 '사루보보 코인' 사례

1. 왜 지금 디지털토큰·지역화폐를 이야기하는가

지역발전을 위해서는 지역 밖으로 유출되는 자금을 차단하고 지역 내 자금순환을 높일 필요가 있다. 이 개념은 Ward and Lewis(2002) 가 제출한 '새는 양동이 이론(The leaky bucket)'으로 유명하다. 특정 지역에서만 이용 가능한 '지역화폐'의 보급은 자금의 지역 외 유출 방지와 지역 내 자금순환의 향상에 기여해 지역발전에 있어 효과적인 수단이 된다. 다만 이용지역의 한정은 통화의 유동성 결여라는 치명적인 문제와 연결되기 때문에 지금까지 발행됐던 많은 지역화폐는 실질적으로 거의 소멸됐다.

그러나 최근 스마트폰 활용을 통해 디지털토큰과 지역화폐가 갖고 있는 문제점을 해소하고자 하는 움직임이 나타나고 있다. 본 장은 기후현 히다다카야마 지방에서 실시하는 '사루보보 코인'의 활용 상황을 분석해 디지털토큰과 지역화폐의 도입에 관한 논점을 정리한다. 지역화폐의 개념과 다른 지역의 사례 등은 사이부西部(2018)에서 상세히 소개하고 있다.

1.1 정부가 지원하는 테크놀로지의 진전

지방은 도시에 비해 인구 감소로 인한 노동력 부족이 심각해 생산성 향상이 필요하다. 정부는 2020년까지 3년간을 '생산성 혁명과 집중투자기간'으로 정하고, '미래투자전략 2017-Society 5.0의 실현을 향한 개혁'에서 5개 부문에 정책자원을 집중해 미래투자를 촉진하겠다고 밝혔다(내각부 2017). 이러한 집중투자 분야 중 하나가 핀테크(Fintech)이며, 2027년 6월까지 현금 없는 결제(캐시리스 결제) 비율을 40% 정도로 높인다는 구체적인 수치 목표를 설정했다. 캐시리스 결제의 장점은 점포의 무인화와 에너지 절약, 기업의 자금조달력과 생산성 향상, 상품과 자금의 흐름 파악을 통한 소비 편리성 향상이다.

또한 국내 여행을 대상으로 하는 인바운드 관광업은 지역발전의 주요 분야다. 이 분야에서도 캐시리스화로 외국인 관광객의 지출액 증가가 가능하기 때문에(경제산업성 2016), 캐시리스는 인바운드 관광을 지역발전의 기폭제로 만들기 위해 반드시 필요한 수단이다.

일본의 캐시리스 결제 현황에 관한 경제산업성(2018)의 '캐시리스 비전'에 따르면, 점포 측이 캐시리스 결제를 도입하지 않는 이유로 '도입 비용'과 '높은 수수료'를 들었다. 기존의 캐시리스 결제는 신용카드, 철도회사, 소매점 IC카드가 대부분이며, 지방의 소규모 사업자 간에는 도입 비용과 수수료 때문에 보급이 어려웠다. 그러나 핀테크에 의한 캐시리스 결제 도입과 운영비 감소, 편리성 향상으로 새로운 캐시리스 결제 기회가 늘어나고 있다.

1.2 줄을 잇는 도입 사례

이와 같은 배경하에 최근 나가사키현 낙도에서 프리미엄형 상품권이 전자쿠폰으로 발권되고 있으며, 점포의 전용기기로 결제하고 있다. 또한 이바라키현 가스미가우라시는 지역포인트를 휴대폰으로 결제할 수 있도록 했다. 지역포인트 사업에 참가한 시민에게 전용 프로그램을 통해 포인트를 부여한 뒤, 포인트 가맹점에서 포인트로 물건을 살 수 있게 한 것이다.

지바현 기미츠신용조합이 제공하는 아쿠아코인과 히다신용조합이 제공하는 사루보보 코인이라는 전자지역화폐도 있다. 이용자가 금융기관 창구에서 1엔을 1코인으로 교환한 후에 상품구입 시 점포에서 제시하는 QR코드를 휴대폰으로 읽어서 결제할 수 있게 했다. 이 기술은 행사나 스포츠 관람처럼 한정된 환경에서도 활용 가능해 향후 여러 방면에서 사용이 늘어날 전망이다.

1.3 디지털토큰·지역화폐 보급 및 정착의 열쇠

전자지역화폐가 기존의 종이화폐나 지역화폐와 다른 점은 지역 내 소비행동을 데이터화하고, 그 데이터를 기초로 기업 측이 지역밀착형 판촉활동을 함으로써 지역 내 소비를 불러일으킨다는 점이다. 또한 은행 입금이나 다른 캐시리스 결제수단과 비교해 사업자 간 결제수수료를 낮출 수 있어서 사업자 간에 전자지역화폐를 통해 지역 내 거래를 늘리면 지역 내 GDP를 높일 수 있다.

한편 지역화폐 보급 및 정착을 위해서는 도입 및 운영에 필요한 비용을 마련해야 한다. 이를 위해서는 일정액 이상의 유통 규모와 이용자 및 취급 점포의 확장이 필요하다. 실제로 지역화폐와 관련된 선행 연구에서 미야자키宮崎(2016)는 지역화폐를 이용하는 참가자나 단체를 늘리고 다양한 거래를 실현시켜나가야 한다고 지적했다. 지금까지 지역화폐를 확대하지 못한 주된 이유는 유동성과 유통성이 저조했기 때문으로, 전자지역화폐를 사용할 경우 기존의 종이화폐 사용에서 발생하는 인쇄비용이나 유동성 문제를 극복할 수 있다고 밝혔다.

1.4 디지털토큰·지역화폐의 기대효과

기존의 지역화폐는 지역 내 커뮤니티 활성화에 중점을 둔다. 그러나 최근에는 지역의 관계인구 증가를 중요시해 스마트시티화 실증실험이나 DMO(Destination Management Organization), CCRC(Continuing Care Retirement Community) 등 지역 외 사람들과 교류하는 사업이 늘었다. 외부인들이 전자지역화폐를 보유한다면 유동성 증가를 기대할 수 있다.

외부 사람들이 자금을 지원하는 방법에는 크라우드펀딩과 고향납세가 있지만 이들 모두 프로젝트와 답례품이 전제가 되므로 답례품이 제공된 후에는 지역과의 관계가 종료되는 경향이 있다. 그러나 지역화폐는 통화의 보관 기능을 통해 중장기적으로 지역 외부 사람들과의 관계를 유지시킬 수 있으며, 향후 두 거점을 이용한 생활과 이주의 포석으로도 활용할 수 있다.

2. 선행 연구로 살펴본 일본 지역화폐의 역사

2.1 커뮤니티의 형성과 상가 활성화

지역화폐는 '어떤 특정 지역 또는 커뮤니티의 내부에서만 유통되는 가치매체'를 의미한다(중소기업청 2003, 사이부西部 2018). 미국과 유럽은 경제 활성화와 취업률 향상 등의 정책목표를 달성하기 위해 지역화폐를 발행하고, 일본도 1990년대 후반부터 2000년대 전반에 걸쳐 많은 지역에서 지역화폐를 발행했다. 미즈미泉(2013)는 1999년 4월 11개의 지역화폐가 있었지만, 2005년 12월에는 259개 지역화폐가 유통됐다고 밝혔다. 이들 지역화폐는 발행된 지 1년 이내에 40%가 활동을 중지한 반면, 2008년 12월에는 122개 지역화폐가 5년 이상 운용되고 있다고 보고했다.

발행 또는 중단을 반복하는 일본의 지역화폐는 크게 두 부류로 나눌 수 있다. 하나는 상점가의 활성화 등 경제적인 효과를 목적으로 한 지역진흥권이다. 1999년 지역진흥권이 발행된 이래 각 지방자치단체는 상품권을 활용한 지역 내 소비 확대를 목표로 독자적인 지역진흥권을 출시했다. 2014년에는 정부도 지역소비 촉진책으로 지방자치단체에 의한 프리미엄부 상품권 발행을 지원했다.

다른 하나는 커뮤니티 재생과 사람 간 연결고리를 만들기 위해 발행한 통화다. '에코머니'라고 불리며, 일반적으로 돈으로 가치를 측정할 수 없는 복지·교육·문화 등의 서비스를 지역사회 내에 순환시키기 위해 도입했다(가토加藤 2001). 에코머니를 통해 참가자와 커뮤니티 간의 교류를 촉진하는 등 사회적 효과를 기대했다.

2010년에는 새로운 흐름으로, 지역자원을 담보로 한 지역화폐가 유통됐다. 유명한 예가 간벌재(間伐材)를 이용한 '나무역 프로젝트'다. 간벌재로 지역화폐를 구매한 뒤 지역상점에서 상품을 구입할 때 그 지역화폐를 사용할 수 있도록 했다. 이 프로젝트는 경제적 효과와 사회적 효과 두 측면을 동시에 고려했으며(후지모토藤本 2015), 특정 지역 과제 해결 수단으로 지역화폐를 사용한 사례다. 이상과 같이 지역화폐의 성질에는 경제적인 측면의 지역경제 활성화와 사회·문화적인 측면의 커뮤니티 활성화가 있다(사이부西部 2018, 요네야마米山 2017).

2.2 지역화폐의 효과와 영향에 대한 분석 결과

지역화폐의 효과와 영향에 관한 실증적인 연구는 데이터 수집의 어려움 때문에 거의 진행되지 못했다. 다만 지역화폐 거래 상황과 발행 조직의 네트워크에 대해 아마天(2018)는 "지역화폐 '피너츠(땅콩)'의 총거래량을 보면 특정 개인집단이 특정 사업자집단에 집중하고 있고, 상품과 서비스를 주는 측과 받는 측에서 양극화가 발생한다"고 밝혔다. 그리고 홋카이도 도마마에쵸에서도 지역화폐가 일부 상점가에만 치중돼 쓰이고 있음을 밝혔다(사이부西部 2018). 다시 말하면 지역화폐는 일부 개인·상점·조직에서만 통용되며, 지역 내에서 충분하게 순환하지 못함을 확인했다. 그 외 선행 연구로 후쿠시게福重(2002)가 지역화폐의 발생 원인에 관한 연구를 진행했다.

이상의 선행 연구는 네트워크 분석을 통해 지역화폐 이용자와 이용점포의 관련성에 대해 밝히고 있지만, 전자지역화폐 결제 시 사용금액과 구입 물건 등에 대해서는 분석하지 않았다. 그리고 캐시리스 결제에 있어 여성보다는 남성 쪽이 적극적인 태도를 보이지만(박보당博報堂생활종합연구소 2017), 실제 전자지역화폐 이용 특성에 관한 데이터가 없고 전자지역화폐가 다른 캐시리스 결제와 같은 경향을 갖는지도 불분명하다.

3. 전자지역화폐 이용자의 속성과 가맹점 결제 상황 분석

핀테크로 인한 편리성 향상에 따라 전자지역화폐 도입을 검토하는 지역이 등장하고 있다. 그러나 그 활용 실태에 대해서는 파악된 자료가 부족하며, 실증적 연구도 거의 없다. 이에 본 절에서는 전자지역화폐의 선진적 사례인 히다다카야마 지역의 사루보보 코인에 초점을 맞춰 활용 실태를 파악하고, 향후 전자지역화폐 활성화 추진에 대해 밝히고자 한다. 구체적으로는 사루보보 코인 이용자의 충전과 결제, 점포 코인의 교환 실태를 밝히고 디지털코인과 지역화폐에 대해 분석한다.

원래는 현금으로 구매하는 행동과 비교해 전자지역화폐의 특성을 밝혀야 하지만, 수집 가능한 데이터의 한계로 이번 분석에서는 전자지역화폐를 통한 구매행동만을 파악해 분석한다. 그리고 지역 내 경제순환에서 중요한 요소인 지역 내 사업자 간의 결제 상황에 대해서도 알아본다. 전자결제의 장점은 현금 흐름이 단축된다는 점이고 (NTT데이터경영연구소 2014), 사업자 입장에서는 조기에 현금화할 수 있다는 인센티브가 따른다. 정부가 기대하는 전자지역화폐의 지역 내 순환으로 이어질 가능성도 있다.

3.1 사례분석 : 히다신용조합의 '사루보보 코인'

사루보보 코인은 2017년 12월 히다신용조합의 영업 범위인 다카야마시·히다시·시라카와촌을 대상으로 발행한 전자지역화폐. 이용자는 점포 창구에서 현금 결제를 통해 휴대폰에 충전하거나 조합의 예금구좌를 통해 충전하며 1코인을 1엔으로 이용할 수 있다. 충전 시 '사루보보 포인트'를 받으며(충전금액의 1%), 사루보보 코인처럼 1포인트 1엔으로 사용할 수 있다. 충전 시 이용자가 받은 포인트(프리미엄)는 히다신용조합이 부담한다.

이용자가 휴대폰으로 사루보보 코인 애플리케이션을 통해 점포에 설치된 QR코드를 읽어 사용할 수 있기 때문에, 점포 측에서 별도로 결제용 단말기를 준비할 필요가 없어 추가적인 도입 비용이 소요되지 않는다. 사루보보 코인으로 지불받은 점포가 결제금액의 1%를 수수료로 부담하지만 신용카드 수수료(3.24% 이상)보다 상대적으로 저렴하다.

점포 측은 지불받은 사루보보 코인을 물품 구입에 재사용할 수 있다(송금수수료 0.5%). 히다신용조합에서 현금화하는 것도 가능하지만, 이 경우에는 수수료가 1.5%이므로 재사용하는 편이 경제적이어서 결과적으로 지역 내 자금순환을 촉진시킬 수 있는 구조다.

이용자는 사루보보 코인으로 직접 결제할 수 있으므로 점포 측은 코인을 즉시 받을 수 있다. 이처럼 바로 현금화할 수 있기 때문에 신용카드 결제보다 자금순환 면에서 유리하다. 그리고 개인이용자 사이의 송금은 수수료를 지불하지 않아도 돼 부담이 줄어든다.

3.2 조사의 개요

히다신용조합은 2018년 3월 11일부터 11월 13일까지의 사루보보 코인 활용 데이터를 불특정 개인정보 형태로 제공했다(학술연구 목적).

개인 데이터는 '충전 데이터'와 '결제(구매) 활용 데이터'이며, 가맹점포 데이터는 '현금 교환 데이터'다. 충전 데이터는 성별, 연령, 히다신용조합 급여계좌 여부, 충전 금액, 충전 점포, 충전 일시 등이다. 결제(구매) 활용 데이터는 성별, 연령, 급여계좌 여부, 연금 수급계좌 여부, 활용 점포의 업종, 결제 금액, 결제 일시 등이다. 가맹점포의 현금 교환 데이터는 점포의 업종, 현금교환 금액, 현금교환 일시 등이다.

또한 코인의 도입 배경과 활용 상황에 대한 이해를 위해 신용조합과 코인을 도입한 점포를 다니면서 문의했다(2018년 9월 10일). 분석 방법은 단순집계, t테스트 그리고 맨-휘트니의 U테스트를 이용했다.

4. 사루보보 코인의 이용 실태

4.1 이용자의 속성

우선 이용자 속성 데이터를 정리하면 다음과 같다(도표 10-1). 성별은 남성이 566명(33.7%), 여성은 1,112명(66.3%)으로 여성이 남성보다 약 2배 많았다. 연령별로 보면 40대(25.2%)가 가장 많았지만, 60대 이상도 30%를 넘었다. 연결 장치는 휴대폰으로 고령자도 많이 사용하고 있었다. 연금수급세대(65세 이상) 중 히다신용조합의 계좌를 연금수급계좌로 지정한 비율이 70%를 넘었고, 히다신용조합을 주거래 은행으로 정한 고령자가 히다신용조합에서 사루보보 코인을 소개받았기 때문에 60대 이상의 이용 비율이 높았다.

이러한 결과는 향후 다른 지역에서 전자지역화폐를 도입할 때 참고할 수 있다. 히다신용조합처럼 직접 고령자와 만나는 조직이 전자지역화폐를 발행하는 경우와 신설된 사단법인이 발행처가 되는 경우 고령자에 대한 대응에서 차이가 있다.

<도표 10-1> 사루보보 코인 이용자의 속성

	이용자 수	%
남성	566	33.7
여성	1,112	66.3
	1,678	100

	이용자 수	%
20대	71	4.2
30대	247	14.7
40대	423	25.2
50대	398	23.7
60대	364	21.7
70대	163	9.7
80대	12	0.7
	1,678	100

주) 평균값 47.1세 / 중앙값 47세

급여지정계좌(50대 이하)

있음	385	33.8
없음	754	66.2
	1,139	100

연금수급지정계좌(65세 이상)

있음	125	71.4
없음	50	28.6
	175	100

근로자 세대(60세 미만) 중 히다신용조합을 급여지정계좌로 사용하는 이용자는 33.8%로, 3명 중 2명은 히다신용조합이 주거래은행이 아니다. 그러므로 지금까지는 히다신용조합과 관계가 없었던 근로자 세대가 사루보보 코인을 통해 신규계좌를 개설할 가능성도 있다. 이용자가 사루보보 코인을 충전할 경우에 받는 1%의 포인트(프리미엄)는 히다신용조합이 부담하지만, 근로자 세대(특히 20~30대) 신규계좌 확보는 향후 주택대출이나 교육대출 등의 사업 기회로도 확장될 가능성이 충분하다.

전자지역화폐 발행에서 1%의 포인트(프리미엄) 부담이 문제가 되지만, 금융기관이 발행처가 되는 경우는 신규계좌의 확보 효과가 있기 때문에 새로운 사업 기회도 생긴다는 점을 확인했다. 다만 신용조합은 1%의 포인트(프리미엄) 부여로 코인 이용자 수가 상당히 증가하고 있어 사루보보 코인 발행이 신규계좌 확보에 미치는 영향을 평가하기는 어렵다고 응답했다.

4.2 사루보보 코인의 충전 현황

이용자가 캠페인을 실시하는 기간뿐만 아니라 실시하지 않은 기간에도 충전을 하고 있어 코인이 지역에서 조금씩 정착 중인 것으로 판단된다.

다음으로 일별 및 요일별 충전 건수를 확인했다. 일별 충전 건수(도표 10-2)는 16일과 23일 이후 월말에 충전하는 경향을 보였다. 16일은 연금 지급일이며, 대부분의 급여일은 월말이기 때문이다. 또한 <도표 10-3>의 요일별로는 금요일이 가장 많았는데, 주말에 이용하기 위해 금요일에 충전하고 있었다. 만일 점포 측이 사루보보 코인 애플리케이션을 통해 쿠폰을 송신하는 등의 판촉행위를 원할 경우에는 이렇게 충전되기 쉬운 날이나 요일을 선택하는 것도 하나의 방법이다.

다음은 충전금액에 대한 분석 결과를 살펴봤다. 1회당 충전금액의 중간값은 1만 엔으로, 1만 엔이 기준금액이라고 할 수 있다. 성별에 의

<도표 10-2> 사루보보 코인의 충전 건수(일별)

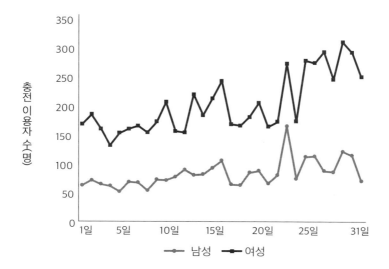

<도표 10-3> 사루보보 코인의 충전 건수(요일별)

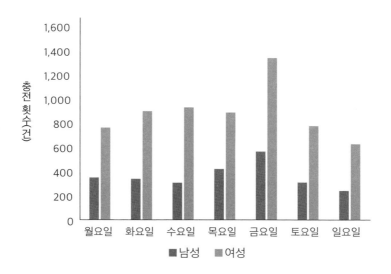

한 차이를 살펴보면 1회당 충전금액의 차이에서 의미 있는 결과를 찾아볼 수는 없었으나, 충전 횟수에서는 중간값과 평균값의 수치에서, 그리고 누적 충전금액에서는 중간값에서 여성이 남성보다 의미 있는 결과를 보이고 있다. 캐시리스 결제는 남성이 여성보다 적극적이라는 보고(박보당博報堂생활종합연구소 2017)가 있지만, 여성이 사루보보 코인 충전을 더 빈번하게 사용하고 있음을 알 수 있다. 이상의 분석 결과에서 여성은 일상용품을 구입하기 위해 코인 결제를 더 자주 이용하고 충전 횟수도 많다고 판단된다.

4.3 사루보보 코인 결제 이용 실태

결제 이용을 월별·일별·요일별로 분석하면 월별과 일별에서는 충전 행위에 변동이 없었다. 다만 요일별에서는 주말과 수요일에 이용이 많았으며, 특히 여성의 이용이 많았다(도표 10-4). 수요일에 여성에게 쿠폰을 송신한 것이 유효했다고 판단된다.

다음으로 이용자의 코인 결제에 대해 확인했다(도표 10-5). 결제금액은 중간값이 2,500엔으로 소액 이용이 많았다. 1회당 결제금액의 표준편차가 커서 결제금액도 충전금액처럼 양극화가 발생했다. 이는 선행 연구(이즈미泉 2018, 사이부西部 2018)와 동일한 분석 결과로, 비교적 고가의 물건 구매나 일상용품 구매가 코인의 대표적 사용 대상임을

<도표 10-4> 사루보보 코인에 의한 결제(요일별)

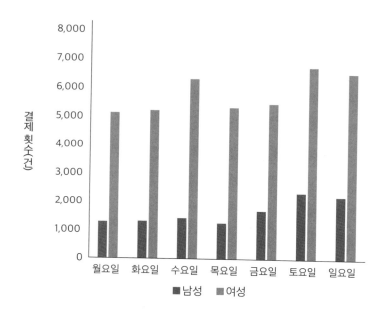

<도표 10-5> 사루보보 코인 이용자의 결제금액

	평균값	중앙값	표준편차
	전체(n=1,481)	전체(n=1,481)	전체(n=1,481)
1회당 결제액	10,300	2,500	87,371
충전 건수	31.6	11	47.5
누계 결제금액	136,225	39,123	381,947

	중앙값		평균값	
	남성(n=478)	여성(n=1,003)	남성(n=478)	여성(n=1,003)
1회당 결제액	3,086	2,796**	20,338	7,646
충전 건수	10	20**	24.8	41**
누계 결제금액	42,297	69,668**	136,018	163,210

주) 금액 데이터의 단위는 엔. **는 남성과 여성으로 1% 수준의 유의값이 존재하는 항목(맨-휘트니의 U테스트(중앙값)와 t테스트(평균값)).

알 수 있다.

남녀별로 보면 중앙값에서 남성은 여성보다 한 번 사용할 때 결제 금액이 비교적 크며, 여성은 남성보다 1회당 결제금액이 소액이지만 이용 횟수가 많아서 누적 결제금액이 남성보다도 많다. 남성은 고가 물건 구매가 목적이며, 여성은 일상용품 구매가 목적이었다.

<도표 10-6>은 누계 결제금액 기준 상위 10개 업종을 나타낸다. 슈퍼와 약국 두 업종이 전체의 약 50%를 차지하고, 일상용품 구매가 많다. 이용자 남녀 비율에서 여성은 '슈퍼(n=32,530)'가 86.3%를 차지하고, '약국(n=6,990)'은 82.6%를 나타냈다. 남성은 '자동차·자전거(n=157)'가 45.9%를 차지하고, '가구·전자(n=91)'가 45.1%를 차지

<도표 10-6> 누계 결제 이용 상황(업종별)

업 종	누계 결제금액(엔)	비율(%)
슈퍼	90,501,062	39.6
자동차·자전거	39,117,655	17.1
약국	17,519,666	7.7
여행대리점	11,875,209	5.2
가구·가전	6,334,228	2.8
전문점	5,879,961	2.6
기타	5,823,895	2.5
술집	5,783,924	2.5
주택·정원	5,106,636	2.2
스포츠용품	4,826,241	2.1
의료	3,851,890	1.7

해 남성과 여성의 비율이 거의 비슷하다. 다만 이용금액 규모는 작지만 '주택·정원(n=18)'은 남성이 77.8%였다. 여성은 슈퍼와 약국 등에서 일상용품을, 남성은 취미 및 기호품을 더 많이 이용하는 경향이 있었다.

<도표 10-5>의 결과도 감안하면 여성은 일상에서 사용하는 용품이 많고 결제 횟수가 많으며 누계 결제금액도 많다. 한편 남성의 경우는 기호품에 대한 결제가 많고, 1회당 결제금액이 컸다. 인터뷰 조사를 통해 사실을 확인할 필요가 있지만, 위 결과에서 남성은 먼저 구입 상품을 결정한 후에 코인을 충전하고 결제하는 것으로 추정된다.

4.4 사루보보 코인 가맹점의 환전 현황

다음은 가맹점의 코인 현금화(환금) 상황을 살펴봤다. 사루보보 코인 개시기간과 데이터 수집기간 사이에는 차이가 있지만, 데이터 수집기간 중 결제금액과 환금금액을 확인하면 결제금액 합계는 2억 2,871만 5,769엔이고, 환금금액 합계는 3억 3,244만 8,201엔으로 환금금액이 결제금액을 상회하고 있음을 알 수 있다. 그 결과 점포에서 사용하는 대부분의 코인은 환금이 이뤄지며, 코인을 재이용해 구매하는 점포는 적음을 확인할 수 있었다. 이 점은 히다신용조합과의 인터뷰에서도 알 수 있었다.

그리고 점포 업종별로 환금 실태를 확인한 바, 약국에서는 거의 매월 한 번 환금하는 반면 다른 업종에서는 2개월 내지 3개월에 한 번 환금하고 있었다. 아직 각 점포의 이용금액이 많지 않아 자금순환 개선을 위해 코인을 현금화하는 행위는 많이 볼 수 없었다. 따라서 이용 금액이 늘어난 후 별도로 그 동향을 살펴볼 필요가 있다.

사루보보 코인 환금 수수료는 1.5%인 반면 사업자 간 결제 수수료는 0.5%다. 따라서 경제적 합리성 측면에서 고려한다면 환금보다는 사업자 간 결제가 수수료를 절감할 수 있다. 그럼에도 불구하고 환금하는 점포가 많은 것은 지역 내 거래 비율이 적다는 게 주된 이유다. 이 점은 산업구조의 가치사슬이 구축돼 있는 지역이라면 다를 수 있으나, 그 외 지방에서는 공통된 과제다. 즉 전자지역화폐 도입만으로는 지역 내 자금순환 향상을 실현시키기 어렵고, 지역 내 산업구조의 가치사슬화와 거래처 최적화를 동시에 실시해야만 코인 사용 효과가 나타날 수 있음을 시사한다.

5. 디지털 지역화폐의 향후 전망과 과제

본 장에서는 히다신용조합이 제공하는 사루보보 코인에 대해 분석했다. 지역화폐는 2000년대에 붐이 일어났고 그 후 일시적으로 축소됐으나 핀테크의 발전으로 다시 한번 주목을 받는 중이다. 특히 지역발전이 강조되는 가운데 지역 금융 시스템 개선은 커다란 과제로, 지역 내 자금을 활발하게 융통시키고 지역 구매력을 향상시킬 필요가 있다(마을·사람·일 창생 2018). 지역화폐는 지역 내 소비를 증가시켜 소비 촉진효과를 기대할 수 있기 때문에 향후에도 중요한 역할을 담당할 것이다.

캠페인 실시기간 중에는 사루보보 코인 충전 건수가 증가했으나 캠페인 종료 후에는 감소했다. 전체 누적 충전 이용자 수의 증가로 인해 캠페인 기간 중에 이용자의 애플리케이션 다운로드가 활성화되고 있으며, 결제 이용 체험 제공이 계속적으로 이용 장벽을 낮출 것으로 판단된다.

사루보보 코인의 일별 활용 실태를 보면 연금지급일과 월급일에 충전하는 경향이 있음을 보여준다. 요일별로는 남녀 모두 금요일에 충전을 하고 주말에 코인을 이용하는 경향이 많다. 그리고 여성의 경우는 수요일에도 코인을 이용하는 경향이 있다. 일별 및 요일별 쿠폰 전송을 잘 활용하면 소비를 더욱 촉진시킬 수 있을 것이다.

개인의 충전과 결제는 남녀 간에 차이를 보인다. 여성은 남성보다 충전 횟수가 많고 슈퍼나 약국에서의 일상용품 구매가 많으며 소액 결제가 많다.

이에 비해 남성은 여성보다 결제액이 크고 자동차·자전거·가구·가전 등 목적형 구매에 코인을 사용했다.

가맹점포가 결제받은 코인을 다른 가맹점에서 재사용하는 경우는 적었고 대부분 현금으로 환금했다. 환금일은 월말에 집중되는 경향이 있었다. 사루보보 코인의 발전을 위해서는 가맹점포 간 코인 결제 확대가 중요하며 지역 내에서 산업 가치사슬을 구축해야 한다. 지역화폐 이용지역의 확대를 통해 이러한 과제를 해결할 수 있다.

향후 과제로 사루보보 코인 가맹점포와 비가맹점포 사이의 수익 상황 변화를 분석해봄 직하다. 새로운 집객 효과와 계산대 업무의 부담 경감으로 경비를 효율적으로 사용하고, 쿠폰과 광고지의 효과적인 배포일 설정으로 눈에 보이는 수익성 향상 효과가 나타나자 각지에서 전자지역화폐를 도입하려는 움직임이 늘어났다. 다만 이번 분석에서는 소비자 구매행동과 관련한 전자지역화폐와 다른 결제수단과의 비교 검토를 할 수 없었다. 전자지역화폐를 통한 구매행동의 어떠한 점이 독특한지를 비교 검토할 필요가 있기 때문에 향후 연구 과제로 진행하고 싶다.

그리고 사루보보 코인 등장 초기에 점포들은 휴대폰을 이용한 QR코드 결제로 수수료를 낮추는 게 장점이었으나 현재는 LINE Pay, PayPay 등 대규모 자본이 QR코드를 통한 지불수단을 제공해 사루보보 코인이 비용 면에서 갖고 있는 우위성은 사라졌다.

사루보보 코인은 결제 수수료를 낮추는 것 외에도 추가적인 장점을 개발해야 하고, 이러한 장점을 실현시킬 가능성이 있는지 검증이 필요하다.

11

미래 지역경영의 목표

1. 앞으로의 지역 과제

1.1 지역사업자 육성 후 출구전략 필요

본서에서는 일관되게 지역에서의 '고객 변화'를 검토했다. 경제성장에는 사람·물건·자금이 필요하지만, 지역의 경제성장을 가로막는 가장 큰 요소는 사람이다. 지금까지는 지방자치단체의 주요 고객이 지역주민이었지만, 향후 인구 감소가 진행되면서 지역 밖의 사람을 고객으로 불러들이지 않으면 안 된다. 그러한 인식이 형성된 지역에서는 크라우드펀딩과 고향납세가 활발하게 진행되며, 지역금융기관과 지방자치단체도 적극적으로 관여하고 있다. 지방자치단체는 '행정이란 주민에게 행정 서비스를 제공하는 것'이라는 기존의 '운영 방식'에서 이제는 '경영 방식'으로 발상을 전환해야 한다.

고향납세가 그 전형적인 사례지만 아직까지는 많은 과제가 남아 있다. 가장 눈에 띄는 점은 지역사업자의 경영력과 사업 노하우가 개선됐는가 하는 것이다. 이번 설문조사 결과에서 알 수 있듯이 이런 상태는 앞으로도 계속될 것이다. 특히 지방자치단체가 오해하기 쉬운 점은 기부금을 많이 모으는 것이 성공이라는 선입견이다. 인기가 있는 답례품은 고기·게·쌀 등인데, 해당 사업자는 원래부터 규모가 큰 사업자이므로 기부가 많이 들어온다고 해도 현장에서 개혁이나 개선으로 연결되지 않는다. '외양간이 늘어난다고 해도 기술혁신은 일어나지 않는다'는 말과 일치한다.

그러나 답례품을 새롭게 개발한다면 지역에서 현금 흐름을 만들어내는 원천이 될 것이다. 문제는 지역에서 이렇게 어려운 일을 계획하기보다는 고기·게·쌀을 배송하는 편이 외부 자금을 쉽게 벌어들일 수 있다는 점이다. 따라서 지방자치단체는 고기·게·쌀에 의존하게 된다. 이 때문에 지역에서 미래를 만들기 위해 사업 창출에 얼마나 주력하는지가 향후 사업성장과 지역 장래를 가름할 것이다.

더욱 중요한 것은 고향납세 없이는 지속적인 경영을 할 수 없는 좀비기업이 늘어날 수 있다는 점이다. 본서에서 이미 살펴본 것처럼 고향납세 답례품을 제공하는 기업은 종업원 6~8인, 연매출액 3,000만~1억 엔 규모로, 가족기업보다 조금 큰 규모의 기업이다. 이런 사업자들이 답례품 시장에 등장하거나 현지에서 도매업만 하던 기업이 지역 밖 소비자에게 직접 다가가기 위해 답례품이나 포장을 개선한 일은 매우 바람직하다.

그러나 사업자들의 출구는 어떻게 될까? 답례품 시장 이외에 라쿠텐이나 아마존에서 활동하면 좋지만, 그렇지 않고 답례품 시장에만 의존하고 머무는 회사를 만들 수도 있다. 예를 들어 답례품 사업자가

5년간 답례품을 생산했다면 그 후에는 답례품 시장에서 졸업시키는 제도를 정비할 필요가 있다.

그리고 지방자치단체의 입장에서는 현지 수산회사 등 유력한 사업자로부터 답례품을 제공받을 수 있다면 상대적으로 쉽게 자금이 유입된다. 지방자치단체장에게는 절대 놓칠 수 없는 마약처럼 작용할 것이다. 따라서 정체하지 않는 지역발전을 위해서는 정부 주도로 출구를 만드는 가이드라인 설정이 필요하다.

출구인 통신판매나 전자상거래(EC)에 진출할 경우 생각할 수 있는 최대 장애물은 사업자 측의 재고관리다. 통신판매나 EC는 주문이 들어오면 당일에 물건을 출고하지 않으면 안 된다. 10건의 주문이 들어왔을 때 재고가 5개밖에 없는 상황은 상상할 수 없다. 재고관리, 주문 수 그리고 당일 출고라는 시스템을 갖춰야만 비로소 출구로 나갈 수 있는데, 이는 쉬운 일이 아니다.

한편 고향납세는 당일 출고를 하지 않아도 된다. '구입 물품'이 아닌 어디까지나 '답례품'이므로 기부자를 한 달이나 두 달 동안 기다리게 해도 문제가 발생하지 않는다. 따라서 재고관리도 당일 출고를 필요로 하지 않는다. 인터넷 통신판매에서 가장 힘든 문제가 발생하지 않으므로 답례품 배송사업만을 계속하다 보면 좀비기업이 양산될 수 있다.

1.2 지역사업 투자전략 수립

사람·물건·자금을 끌어오지 않으면 지역총생산은 점점 작아진다. 일본 전체 관점에서 국민총생산(GDP)의 구성요소 중 약 60%는 민간 소비가 차지하며, 이를 두고 각 지역이 경쟁한다. 나머지 40%는 기업 투자와 정부지출이 차지하지만 지방에서 이를 기대하기는 어렵다. 그렇다면 민간 소비만이 경쟁 대상이 된다는 이야기다. 다만 민간 소비의 원천이 거주인구라면 거주인구가 감소하는 지역에서는 지역 외부에서 소비 원천을 찾을 수밖에 없다.

이런 점에서 고향납세와 크라우드펀딩은 유용한 수단이다. 다만 이들 제도를 단순히 자금 획득 수단으로만 사용한다면 좀비사업자를 연명시킬 뿐이다. 5년 만에 소멸해야 할 사업자가 20년을 산다는 것은 경제환경에서는 의미가 없다. 현금흐름을 만들어낼 수 있는 지역사업에 투자하는 것이 중요하다.

예를 들어 홋카이도 히가시카와쵸에서는 마을의 자연 효모를 사용해 와인을 만드는 사업을 본격화했다. 장래에 지방자치단체의 수입원이 될 수 있는 새로운 사업을 시작한 것이다. 지역에 따라서는 새롭게 지역산업을 시작하기 어려운 경우에 다른 방법으로 벤처기업의 지역 사무실을 설치하거나 교류인구를 만들어내는 정책을 세우기도 한다. 모금한 기부금을 투자금으로 충당한다면 어느 정도 자금을 수입으로 확보할 수 있을지에 대해서도 생각해봐야 한다. 지방자치에

경영학적 관점이 필요하게 된 상황이므로 자금의 사용처를 전략적으로 고려해야 한다.

현재 고향납세를 모으는 지방자치단체가 그 사용처에 대한 아이디어를 지역 동사무소나 지방의원에서 찾는 상황이 자주 엿보인다. 모든 지방자치단체 부서가 재원 부족으로 어려움을 겪고 있기 때문에 자금이 부족한 사업을 나열하기는 어렵지 않다. 그러나 이러한 사업에 고향납세로 모은 자금을 나눠주면 어떻게 될까? 지역발전으로 이어질까? 단지 연명장치로 사용될 뿐인 일반재원 용도로 고향납세 기부금을 사용해서는 안 된다.

또한 주민이 기부금의 혜택을 쉽게 느낄 수 있도록 눈에 보이는 주민회관 개축이나 기념관 설립 등에 사용하기 쉽지만, 이를 꾹 참고 지역에서 꼭 필요한 사용처를 검토해서 사용할 필요가 있다. 기념관 등을 만들면 결국 유지비 때문에 어려움을 겪는 상황을 이미 여러 번 경험했다. 각 지방자치단체장이 그 돈을 전략적으로 투자해 장래에 지역에 수익을 가져다줄 사업이나 비용 절감에 공헌하는 사업에 투자할 경우 그 성과가 나타날 때까지는 당연히 시간이 오래 걸린다. 지방자치단체장은 이 점을 주민에게 설명하고 이해를 구해야 한다.

지방자치단체나 지역사업자의 단순 연명으로 끝나지 않기 위해서는 고도의 전략이 필요하다. 모범사례 지역이나 지방자치단체장의 등장이 필요하나 아직까지는 만족할 만한 사례가 나타나지 않고 있다.

2. 지역의 가능성

2.1 지속가능한 지역 그리고 지방의 가치 재발견 : 순환경제권 구축

최근 지속가능성이 중요한 키워드로 부상했다. 지속가능성 추구와 관련해 기업에서 채용하는 전략과 지방자치단체나 지역에서 채용하는 전략에는 공통점이 있다.

청정에너지를 예로 들어보자. 크라우드펀딩과 고향납세를 통해 확보한 자금을 기초로 지역 내에 소규모 수력발전소를 설치해 전력을 조달할 수 있다면 그때까지 지역 외부로 유출됐던 에너지 비용을 지역 내에서 순환시킬 수 있을 것이다. 지역에서 소비량 이상의 에너지를 생산할 수 있다면 지역 밖으로 에너지를 판매해 돈을 버는 것도 가능하다.

또한 지역화폐가 주목을 받는다. 지역화폐는 지역 내 자금순환량을 늘리고 외부로 빠져나가는 자금을 줄이려는 게 목적이다. 다만 제10장에서 살펴본 바와 같이 지역 내 산업공급망이 존재해야 한다. 이런 의미에서 향후 조금 넓은 광역권에서 지역화폐가 논의될 것으로 보인다.

우리 개인의 삶도 지속가능성이 중요하며 지금까지는 한 회사에 평생 고용되는 것이 인생의 지속성을 보장해준다고 알고 있었다. 그러나 앞으로는 각 개인이 인생 단계에 맞춰, 근무하는 기업이나 물리적인 거주지를 자유롭게 바꿔가면서 생활하는 편이 개인의 지속가능성을 만들어낼 것이다. 코로나19로 인한 원격근무의 추진도 거스를 수 없는 움직임이므로 이러한 생활 스타일을 뒷받침한다. 도시와 지방에서 사람·물건·자금의 순환이 증가하면서 지역발전과 연결되고 있다. 그리고 성인 방문객의 지역 왕래를 증가시키려면 아동의 왕래도 가능한 시스템을 만들어야 한다.

흥미로운 사례 하나를 소개한다. 도쿠시마현은 성인이 업무와 관련해 지역으로 장기간 출장을 올 경우 듀얼스쿨을 이용해 아동이 학기를 쉬지 않고 1학기는 도쿠시마현, 2학기는 도쿄에서 교육받는 시스템을 도입했다. 교육은 지역발전에 있어서 매우 중요한 요소다. 수업의 일부를 온라인으로 진행하는 방식은 일본에서도 일반적인 모습이 됐다. 예를 들어 필자는 현재(2020년 10월) 미국 실리콘밸리에 살고 있는데, 이곳의 초·중학교는 아직 코로나19의 영향으로 100% 온라인 수업을 진행한다. 2020년 3월 온라인 수업이 시작됐을 당시에는 다소 혼란이 발생했지만, 지금은 학교와 학생 모두 온라인 수업의 노하우를 습득한 상태다. 과목에 따라서는 오히려 온라인 쪽이 학생 각자의 이해도에 따라 학습할 수 있기 때문에 학교가 재개한 이후에도 온라인과 현장수업을 융합한 형식으로 운영하는 쪽이 좋지 않을까 하는 논의도 나왔다.

일본에 이러한 상황을 적용하면, 지방이야말로 온라인 교육의 수

혜를 많이 받을 수 있다. 교육을 비롯해 부족한 여러 자원을 보충할 수 있어서다. 온라인 환경을 마음껏 활용해 지방에 유수한 국제학교를 만들어보는 것도 불가능하지 않다. 정부는 지방 국립대학 활성화와 지방 대학 졸업생의 현지 정착을 위해 노력하고 있는데, 이를 위해서는 도시보다 지역이 더 매력적인 환경을 제공해야 한다. 예전에는 자금 측면이 높은 벽이었지만, 본서에서 본 것처럼 대체적 자금조달 수단을 이용함으로써 지방에서도 어느 정도는 투자자금을 조달할 수 있게 됐다. 따라서 이제는 '립프로깅(leapfrogging·개구리처럼 단숨에 점프하는 것으로, 갖추지 못했기 때문에 가능한 역발상)'적인 환경을 구축할 수 있는 요소가 갖춰지고 있다.

2.2 설비 투자, 고용 증가 및 비용 감소 효과의 활용 전략

크라우드펀딩과 고향납세를 통해 지방의 상품 및 서비스의 장점이 재발견되는 지금, 사업과 설비 투자를 더욱 확대해 상품 및 서비스 발전을 뒷받침해야 한다. 다만 설비 확대를 위해서는 자금을 조달해야 하는데, 특히 차입금의 증가는 사업자를 압박할 수 있기 때문에 이를 주저하는 사업자도 많다. 그러나 이런 기회를 놓치면 사업 기회뿐만 아니라 지역과 지방자치단체에서 지역브랜드를 창출할 기회를 잃어버리게 된다.

사업과 설비 투자 확대는 사업자에게만 맡겨둘 문제가 아니라는 지적도 나온다. 예를 들어 설비 확대를 위한 자금의 일부를 지방자치단체가 매칭하는 등 지원하면 사업자의 호응을 쉽게 얻는다. 지역금융기관이 이를 연계해 융자를 확충할 수도 있다. 물론 마구잡이식 신규 투자나 조성이 아니라, 장래에 부담이 남지 않도록 신중한 예측하에 실시해야 하지만 마지막엔 지역사업자·지역금융기관·지방자치단체장의 대담한 결단이 필요하다.

이미 제4장에서 고향납세 답례품 시장에서 장애인을 고용하는 사업자의 상품이 답례품으로 제공된 사례를 소개했다. 장애를 안고 있는 사람의 급여가 증가하면 행정은 장애인 지원을 위해 부담한 예산을 절감할 수 있다.

비용 절감 측면에서 지방자치단체 업무의 디지털화(DX화)는 지역에서 쉽지 않은 일이지만 오히려 기회로 작용할 수도 있다. 종이를 기준으로 한 또는 동사무소의 창구를 기준으로 한 업무를 디지털화하면 비용이 크게 절감된다. 앞에서 살펴본 지방자치단체의 지역화폐 도입과 지방자치단체 업무의 디지털화는 이미 많은 지방자치단체에서 검토하는 상황이다.

크라우드펀딩과 고향납세 등 사회적 자본으로 생긴 기회를 어떻게 활용할지에 대해 지방자치단체의 신속하고도 전략적인 판단이 필요하다.

3. 산·관·학·금 우수 사례 축적

지금까지 살펴본 것처럼 지역에서 산·관 연계가 자연스러운 형태로 진행 중이다. 지역사업자와 지방자치단체 간에 연계가 잘되는 지역일 수록 지역경제가 활성화된다. 사회적 금융으로 조달받은 자금의 사용처와 관련해 NPO와 연계한 사회활동과 창업지원 등 지방자치단체가 외부조직과 연계해 추진하는 사업이 늘었다. 또한 개인과 기업 또는 NPO가 독자적으로 크라우드펀딩을 통해 자금을 조달해 지역 과제를 해결하는 사례도 증가하고 있다.

크라우드펀딩과 고향납세처럼 대체적 자금조달 수단이 등장함에 따라 세상의 가치관과 행동이 '사회적'으로 이행하는 가운데 바람직한 산·관 연계가 자연스럽게 만들어졌다고 생각한다. 그러나 실제로 성공했거나 잘 진행되는 사례는 그리 많지 않다.

그 배경에는 이들을 어떻게 융합시킬지 파악하지 못한 점이 있다. 무엇인가를 배제해야 한다는 논의가 아니라 한정된 자원을 지역의 어느 곳에 중점적으로 배분하는 것이 수익 최대화에 공헌하는지, 그리고 투자 대비 수익이라는 당연한 기업경영의 발상을 지역에도 요구한다는 점을 상기해야 한다. 산·관 연계의 수행에 투자 대비 수익에 대한 분석을 바탕으로 한 우선순위 논의가 지역에서도 중요하다.

4. 사회적 비즈니스의 토대 형성

사회적 비즈니스란 사회적 과제 해결을 위해 주민, NPO법인 그리고 기업이 비즈니스 기법을 이용하는 것이다. 행정만으로는 복잡다단해지는 시대 변화에 따른 사회적 과제에 대응하기 어려운 현상을 타개하기 위한 개념이다.

사업 활동으로 수익을 얻으며 사회적 과제를 해결하는 점이 일반 영리활동과 다르며, 또 활동자금을 기부나 행정에서 조성하기보다는 사업 활동을 통해 스스로 벌어들이는 점에서 자원봉사와 다르다. 사회적 과제로는 환경, 빈곤, 저출산·고령화, 인구의 도시집중, 고령자·장애인의 간호·복지, 육아 지원, 평생교육, 마을 조성, 지역 일으키기 등이 있다.

본서에서 살펴본 사회적 금융 활성화 중 특히 최근에는 사회관계망서비스(SNS)의 보급에 따라 사회적 사업의 홍보 활동과 인지도 향상을 예전보다 쉽게 볼 수 있다. 그리고 기업과 지방자치단체 쌍방 모두가 사회적 사업을 전개하는 것이 이익이 된다고 여긴다.

이처럼 지역에서 독자적인 힘으로 활동을 늘려나가면 지역 활성화와 지역발전의 가능성이 열린다. 사회적 금융 비중이 커지는 선순환도 일어날 수 있다.

사회적 금융의 활용에 의한 사회적 사업 활성화는 닭과 달걀의 논의처럼 소규모로 시작할지라도 닭과 달걀의 회전처럼 크게 발전해나 갈 수 있으므로 지역발전에 있어 특히 중요하다.

참고자료 및 참고문헌 일람

본서의 각 장은 아래의 참고논문을 기초로 다듬었다.
본서 반영 시에 요약 또는 추가 작업을 병행했다.

第 1 章　書き下ろし

第 2 章　保田隆明・保井俊之（2017），『ふるさと納税の理論と実践』，宣伝会議/事業構想大学院大学出版部。

第 3 章　保田隆明（2017），ふるさと納税による地方の事業者育成支援効果，国民経済雑誌216(6)，pp.59-70.

保田隆明・久保雄一郎（2019a），ふるさと納税における返礼品提供事業者の属性分析，Venture Review, 33，pp.57-62.

保田隆明・久保雄一郎（2019b），ふるさと納税の地域アントレプレナーシップへの示唆―ユニークな地域開発ツールへ：返礼品提供事業者の新商品開発と経営力指標向上から―，日本地域政策研究23，90-99.

第 4 章　保田隆明・久保雄一郎（2019a），ふるさと納税における返礼品提供事業者の属性分析，Venture Review33，pp.57-62.

保田隆明・久保雄一郎（2019b），ふるさと納税の地域アントレプレナーシップへの示唆―ユニークな地域開発ツールへ：返礼品提供事業者の新商品開発と経営力指標向上から―，日本地域政策研究23，pp.90-99.

第 5 章　保田隆明（2019c），ふるさと納税で関係人口を増やすには，月刊公明，2019.3，pp.38-43.

保田隆明・久保雄一郎（2019d），ふるさと納税による子育て支援策拡充について　―北海道上士幌町の事例からの示唆―，国民経済雑誌，219(6)，pp.81-96.

第 6 章　保田隆明・久保雄一郎（2019f），ふるさと納税をきっかけとした地域金融機関の機能強化の可能性：地域金融機関の融資状況と地域での産官金連携の可能性，地域活性研究10，pp.21-30.

第 7 章　Hoda, T., Tamaki, S., and Dasher, R.（2021）."Analysis of major successful Crowdfunding projects in Japan : Impact from imported projects from Overseas and enterprise projects", Discussion Paper.

第 8 章　保田隆明（2020），購入型クラウドファンディングの役割に関する地域金融機関の認識と実施体制，地域活性研究13，pp.119-128.

第 9 章　保田隆明・久保雄一郎（2019e），地域課題解決に向けたソーシャルファイナンス動向 ～日本版シビッククラウドファンディングについて～，国民経済雑誌220(4)，pp.67-76.

第10章　保田隆明（2019g），電子地域通貨の利用者属性と加盟店での決済状況に関する研究：飛騨信用組合によるさるぼぼコインを事例に，地域活性研究11，pp.127-135.

第11章　書き下ろし

[제1장]

内田彬浩・林高樹 (2018), クラウドファンディングによる資金調達の成功要因-実証的研究と日米比較-, 赤門マネジメント・レビュー17(6), 209-222

内田彬浩・伴正隆 (2020), クラウドファンディングプラットフォームにおける資金調達者へのアプローチ, Venture Review 35, pp.19-34.

中小企業庁 (2018), 中小企業白書2018年版人手不足を乗り越える力生産性向上のカギ

国土交通省 (2017), 平成28年度国土交通省白書

塚本一郎・金子郁容 (2016), ソーシャルインパクト・ボンドとは何か: ファイナンスによる社会イノベーションの可能性, ミネルヴァ書房

藤原賢哉 (2019), クラウドファンディングの成功要因に関する実証研究, ゆうちょ資産研究: 研究助成論文集(26), 55-70

Moritz, Alexandra & Block, Joern. (2016), Crowdfunding: A Literature Review and Research Directions. 10.1007/978-3-319-18017-5_3.

Stiver, A., Barroca, L., Minocha, S.,; Richards, M., and Roberts, D. (2015). Civic Crowdfunding Research: Challenges, and Future Agenda. New Media & Society, 17(2) pp.249–271.

[제2장]

総務省 (2020), ふるさと納税に関する現況調査結果 (令和2年度実施)

保田隆明・保井俊之 (2017), ふるさと納税の理論と実践, 宣伝会議/事業構想大学院大学大学出版部

[제3장]

井上考二 (2016), 新規開業企業が顧客・販路を開拓するには何が必要か, 日本中小企業学会論集35, 71-83

インテージリサーチ (2019), 全国1万人の意識調査 ふるさと納税先はどう選んでいる？地域への関心は？～特産品の購入や往訪, 寄付型クラウドファンディングなど, 新たな関わり方の可能性も～

江島由裕 (2006), 外部経営資源が中小企業経営に与える影響分析, Japan Ventures Review7, pp.3-11.

久保田洋志 (2010), 持続的成長実現に対する技術力と経営力の関連性, 日本情報経営学会誌31(1), pp.4-11.

黒瀬直宏 (2006), 中小企業政策, 日本経済評論社

黒畑誠 (2012), 中小企業支援機関の経営指導に関する一考察, 日本経営診断学会論集12, pp.21-26.

経済産業省経済産業政策局 (2002), 総合経営力指標-定性要因の定量的評価の試み 製造業編・小売業編

名取隆 (2017), 中小企業のイノベーション促進政策の効果-「大阪トップランナー育成事業」のアンケート調査を中心として, 関西ベンチャー学会誌9. pp.16-25.

本多哲夫 (2016), 自治体における中小企業政策と政策評価 : 大阪市のビジネスマッチング支援のケーススタディ, 経営研究67(2), pp.1-18, 大阪市立大学経営学会

[제5장]

阿部一知・原田泰 (2008), 子育て支援策の出生率に与える影響-市区町村データの分析, 会計検査研究38, pp.103-118.

阿部正太朗・近藤光男・近藤明子 (2010), 地方圏へのＵＩＪターン人口

移動の要因分析と促進施策に関する研究, 土木計画学研究・論文集 27, pp.219-230.

小柳真二 (2016), 地方部における移住・定住促進策の背景・現状・課題-九州地方の事例-, 地学雑誌125(4), pp.507-522.

国立社会保障・人口問題研究所 (2014), 日本の将来推計人口-平成28(2016)~77(2065)年, 人口問題研究資料, p.336.

国立社会保障・人口問題研究所 (2017), 2016年社会保障・人口問題基本調査-第8回人口移動調査報告書調査研究報告資料, p.336.

小森聡 (2008), 農村地域への定住に係る移住者の意向と受入側の意識に関する研究-京都府の中山間地域を事例として(続報)-, 農林業問題研究44(1), pp.146-149.

作野広和 (2016), 地方移住の広まりと地域対応―地方圏からみた「田園回帰」の捉え方―, 経済地理学年報62(4), pp.324-345.

日本経済新聞 (2016), ふるさと納税、裾野広く 15年度寄付件数3.8倍に, 日本経済新聞 2016年6月15日付朝刊

総務省, 住民基本台帳に基づく人口, 人口動態及び世帯数調査【日本人住民】市区町村別年齢階級別人口（2012‐2017）

総務省　住民基本台帳人口移動報告―男女, 移動前の住所地(都道府県, 21大都市及びその他) 別轉入者數-都道府県）（2012‐2017）

総務省　住民基本台帳人口移動報告―参考表（年齢（10歳階級), 男女, 移動前の住所地別轉入者數-都道府県（2012‐2017）

総務省　住民基本台帳人口移動報告―参考表（年齢（10歳階級), 男女, 移動前の住所地別轉出者數-都道府県, 市区町村）（2012‐2017）

中澤克佳・矢尾板俊平・横山彰 (2015), 子育て支援に関わる社会インフラの整備とサービスに関する研究―出生率・子どもの移動に与える影響と先進事例の検討―. フィナンシャル・レビュー124, pp.7-28.

李永俊・杉浦裕晃 (2017), 地方回帰の決定要因とその促進策-青森県弘前市の事例から-, フィナンシャル・レビュー131, pp.123-143.

[제6장]

一般社団法人全国銀行協会 (2016), 地方創生に向けた銀行界の取組みと課題」の公表について

木村俊文 (2015), 地域金融機関の地方創生への取組動向, 農林金融68(8), 31-37.

日本銀行 (2015), 人口減少に立ち向かう地域金融-地域金融機関の経営環境と課題-, 金融システムレポート別冊シリーズ2015(5)

松崎祐介 (2014), 信用金庫・地方公共団体が連携した地域活性化支援の取組みについて-ふるさと納税制度を活用した地域活性化支援-地域調査情報

26-4, 信金中央金庫地域・中小企業研究所

家森信善 (2014), 地域連携と中小企業の競争力, 中央経済社

家森信善 (2018), 地方創生のための地域金融機関の役割, 中央経済社

[제7장]

内田彬浩・林高樹 (2018), クラウドファンディングによる資金調達の成功要因-実証的研究と日米比較-, 赤門マネジメント・レビュー17(6), 209-222

川津大樹 (2017), 創業・新規事業への中小企業金融の役割-中小企業金融の現状とクラウドファンディングの可能性に関する考察-商工金融 67(3), 29-45.

竹内英二 (2015), 中小企業やNPOの可能性を広げるクラウドファンディング, 日本政策金融公庫論集26, 1-14.

玉井由樹 (2019), クラウドファンディングへの資金提供動機と課題, 都市経営: 福山市立大学都市経営学部紀要12, 43-54

中村雅子 (2018), 大規模オンライン調査から見た日本のクラウドファン

ディング支援者の実態, 社会情報学会大会全国大会研究報告資料。

中村雅子 (2019), クラウドファンディング利用の多様性-大規模ユーザ調査から見た「使いこなし」の類型化-, 経営情報学会全国研究発表大会要旨集 201906(0), 276-279.

速水智子 (2015), 社会起業家の資金調達とクラウドファンディングとの関係性, 中京企業研究37, 63-70.

藤原賢哉 (2019), クラウドファンディングの成功要因に関する実証研究, ゆうちょ資産研究: 研究助成論文集(26), 55-70.

保田隆明・玉置俊也・リチャードダシャー (2020), 購入型クラウドファンディングの実態, 日本ベンチャー学会第23回全国大会発表。

松尾順介 (2014), クラウドファンディングと地域再生, 証券経済研究所88, pp.17-39.

松尾順介 (2019), 株式投資型クラウドファンディングと中堅・中小およびベンチャー企業, 証研レポート1716, pp.11-25.

Adhikary, B.K., Kutsuna, K., and Hoda, T. (2018). Crowdfunding: Lessons from Japan's Approach, Springer Briefs in Economics. Kobe University social science research series.

Beier, M., Früh, S., Jäger, C. (2019). Reward-Based Crowdfunding as a Marketing Tool for Established SMEs: A Multi Case Study. SSRN:http://ssrn.com/abstract=3338084.

Brown, T. E., Boon, E., Pitt, L. F. (2017). "Seeking Funding in Order to Sell: Crowdfunding as a Marketing Tool". Business Horizons, 60(2), 189–195.

Carè, S., Trotta, A., Carè, R., and Rizzello, A. (2018). "Crowdfunding for the Development of Smart Cities", Business Horizons, 61(4), 501-509.

Giudici, G., Guerini, M., and Rossi-Lamastra, C. (2018). "Reward-Based Crowdfunding of Entrepreneurial Projects: the Effect of Local Altruism and Localized Social Capital on Proponents' Success", Small Business Economics, 50, 307-324.

Simons, A.; Kaiser, L.F.; vom Brocke, J. (2019). "Enterprise Crowdfunding:

Foundations, Applications, and Research Findings". Business & Information Systems Engineering, 61, 113–121.

Steigenberger, N. (2017). "Why supporters contribute to reward-based crowdfunding", International Journal of Entrepreneurial Behavior & Research, 23(2), 336-353.

Zaggl, M.A., Block J. (2019). "Do Small Funding Amounts Lead to Reverse Herding? A Field Experiment in Reward-based Crowdfunding", Journal of Business Venturing Insights, 12, pp.1-7.

Zheng H., Xu B., Wang T., and Xu Y. (2017). "An Empirical Study of Sponsor Satisfaction in Reward-Based Crowdfunding", Journal of Electronic Commerce Research, 18, (3), 269-285.

[제8장]

飯嶋カンナ・矢作大祐 (2018), 地域金融機関によるクラウドファンディングの活用が進む, 大和総研2018年7月4日レポート

一般社団法人全国銀行協会 (2016), 政策提言レポート, 地方創生に向けた銀行界の取組みと課題

金融審議会 (2018), 新規・成長企業へのリスクマネーの供給のあり方等に関するワーキング・グループ報告書

佐藤淳 (2017), クラウドファンディングと既存金融ー企業の外部資金調達の「第3の道」ー, 野村資本市場クォータリー 2017 Summer

竹内英二 (2019), インターネット時代の資金調達-クラウドファンディングとトランザクションレンディングー, 日本政策金融公庫調査月報135, 4-15

田代一聡 (2018), クラウドファンディングの機能に関する考察-既存金融の補完的機能-, 証券レビュー58(3), pp.73-82.

中村雅子 (2019), クラウドファンディング利用の多様性―大規模ユーザ

調査から見た「使いこなし」の類型化―, 経営情報学会全国研究発表大会要旨集 201906(0), pp.276‐279.

増田里香 (2017), 地域型クラウドファンディングの可能性に関する一考察, 相関社会科学 27, pp.45-50

松尾順介 (2014), クラウドファンディングと地域再生, 証券経済研究88, pp.17-39

家森信善 (2014), 地域連携と中小企業の競争力, 中央経済社

Agrawal, A., Catalini, C., and Goldfarb, A. (2014), "Some Simple Ecoomics of Crowdfunding", in J. Lerner, and S. S. Stern, eds., Innovation Policy and the Economy, 14, pp.63-97.

Mollick, E. (2014), "The Dynamics of crowdfunding: An Exploratory Study", Journal of Business Venturing, 29(1), pp.1-16.

Mochkabadi, K., and Volkmann, C.K. (2020), "Equity Crowdfunding: A Systematic Review of the Literature", Small Business Economics, 54, pp.75-118.

Pelizzon, L., Riedel, M., and Tasca, P. (2016), "Classification of Crowdfunding in the Financial System", in Tasca, P., Aste, T., Pelizzon, L., and Perony, N. eds., Banking Beyond Banks and Money : A Guide to Banking Service in the Twenty-First Century, Springer, pp.5-16.

[제9장]

公益財団法人大阪府市町村振興協会 (2018), 平成29年度クラウドファンディングによる地域活性化研究会報告書

総務省 (2020), 令和2年版高齢社会白書

日本経済新聞 (2020), 新しい応援 ふるさと納税にクラウドファンディング型, 日本経済新聞2018年11月17日付朝刊

Adhikary, B.K., Kutsuna, K., and Hoda, T. (2018), Crowdfunding: Lessons from Japan's Approach, Springer Briefs in Economics. Kobe University Social Science Research Series.

Charbit, C., and Desmoulins, G. (2017), Civic crowdfunding: A collective option for local public goods? OECD Regional Development Working Papers.

Davies, R. (2014), Civic Crowdfunding: Participatory Communities, Entrepreneurs and the Political Economy of Place, MSc Thesis, Massachusetts Institute of Technology, Cambridge, MA.

Gray, K. (2013), Built by the Crowd: The Changing World of Public Infrastructure, Wireless UK, 4 November. Available at : https://www.wired.co.uk/article/built-by-the-crowd(2019年5月25日 アクセス)

Stiver, A., Barroca, L., Minocha, S., Richards, M., and Roberts, D. (2015), Civic Crowdfunding Research: Challenges, Opportunities, and Future Agenda, New Media & Society, 17(2), pp.249-271.

[제10장]

泉留維(2013), 日本における地域通貨制度－その展開と将来, pp.234 - 243. 西部忠編著, ＜福祉+α3＞地域通貨, ミネルヴァ書房

泉留維 (2018), 地域通貨20年の盛衰 再活性化のために何が必要か, 月刊事業構想2018(12), pp.32-33.

NTTデータ経営研究所 (2014), 決済の構造変化と銀行への影響, 決済業務等の高度化に関するスタディ・グループ資料

加藤敏春 (2001), エコマネーの新世紀: "進化"する21世紀の経済と社会, 勁草書房

経済産業省商務・サービスグループ消費・流通政策課 (2018), キャッシュレス・ビジョン

経済産業省 商務流通保安グループ 商取引・消費経済政策課 (2016), キャ

ッシュレスで「消費」と「地方」を元気にする, きんざい

中小企業庁 (2003), 平成14年度経済産業省中小企業庁委託調査事業 地域通貨を活用した地域商業等の活性化に関するモデル調査事業 調査報告書

内閣府 (2017), 未来投資戦略2017-Society 5.0の実現に向けた改革-

西部忠 (2018), 地域通貨によるコミュニティ・ドック, 専修大学出版局

博報堂生活総合研究所 (2017), お金に関する生活者意識調査

福重元嗣 (2002), 地域通貨の発生に関する計量分析, ノンプロフィット・レビュー2(1), pp.23-34,

藤本千恵・浦出俊和・上甫木昭春 (2015), 木の駅プロジェクトの活動実態と運営課題, 農林業問題研究 51(3), pp.191 − 196.

内閣官房 まち・ひと・しごと創生本部 (2018), まち・ひと・しごと創生綜合戦略(2018改訂版)

宮﨑義久・吉田昌幸・小林重人・中里裕美(2016), 地域通貨の進化の解明に向けた分析枠組みの提示—全国調査に関する先行研究の検討を通じて—, 進化経済学論集20, 1-13

米山秀隆 (2017), 地域における消費, 投資活性化の方策 ―地域通貨と新たなファンディング手法の活用―. 富士通総研研究所, p.447.

Ward, B., and Lewis, J. (2002), Plugging the Leaks: Making the Most of Every Pound that Enters Your Local Economy, New Economic Foundation.

지역경영을 위한 새로운 재정

발행일	2022년 12월 22일
지은이	호다 다카아키
옮긴이	신승근·조경희
펴낸이	이성희
편집인	하승봉
기획·제작	농민신문사
디자인	디자인시드
인쇄	삼보아트
펴낸곳	농민신문사
출판등록	제25100-2017-000077호
주소	서울시 서대문구 독립문로 59
홈페이지	http://www.nongmin.com
전화	02-3703-6136
팩스	02-3703-6213